概率统计选讲

孙荣恒 著

科学出版社
北 京

内 容 简 介

本书内容主要集中在概率论和数理统计方面,包括它是作者近 30 年在概率论和数理统计方面的主要工作,解决了概率论和数理统计中五个难题,给出了十多个新概念和十多个行之有效的新方法.

本书读者对象为高等院校理工科的数学与应用数学、概率论和数理统计、信息与计算机等专业的高年级本科生学生、研究生、教师、数学爱好者和科技工作者.

图书在版编目(CIP)数据

概率统计选讲/孙荣恒著. —北京:科学出版社,2019.1
ISBN 978-7-03-059124-1

Ⅰ.①概… Ⅱ.①孙… Ⅲ.①概率统计 Ⅳ.①O211

中国版本图书馆 CIP 数据核字(2018) 第 237940 号

责任编辑:李 欣／责任校对:邹慧卿
责任印制:张 伟／封面设计:陈 敬

科学出版社 出版
北京东黄城根北街 16 号
邮政编码:100717
http://www.sciencep.com

北京九州迅驰传媒文化有限公司 印刷
科学出版社发行 各地新华书店经销
*

2019 年 1 月第 一 版 开本:720×1000 1/16
2019 年 5 月第二次印刷 印张:7 3/4
字数:154 000
定价:58.00 元
(如有印装质量问题,我社负责调换)

前　　言

本书内容主要集中在概率论和数理统计方面, 包括作者近 30 年在概率论和数理统计方面的主要工作.

作者从 1979 年起研究随机问题, 一直坚持到今天. 主要工作集中在概率论和数理统计方面, 虽然概率论和数理统计已是非常成熟的两门学科, 但是仍还有一些遗留问题有待解决以及一些方法有待改进. 例如:

(1) 在概率论中, 离散型随机变量特征函数的反演公式只给出极限公式, 无法应用. 1988 年, 作者通过比较离散型随机变量分布函数的导数和连续型随机变量分布函数的导数, 引出了狄拉克 (Dirac) 函数. 由于连续型随机变量的密度函数是其分布函数的导数, 很自然, 会利用狄拉克函数, 给出离散型随机变量的密度函数定义, 再利用狄拉克函数的性质, 就证明了: 无论离散型随机变量还是连续型随机变量, 其密度函数与其特征函数恰好是一傅变换对. 从而解决了这个遗留问题.

(2) 在数理统计中, 有效估计量, 既无偏又方差最小, 因此, 它是我们最想得到的估计量. 但是, 它什么时候存在, 什么时候唯一; 如果存在, 又如何求它? 由 R-C 不等式, 一般求有效估计量, 先求出 R-C 不等式的下界, 再在估计量中找待估计参数的无偏估计量, 但是, 无偏估计量, 可能找到, 也可能找不到, 也可能找到很多. 然后还要求出这些无偏估计量的方差, 看看方差中有没有等于 R-C 不等式下界的, 如果有, 有效估计量就存在, 这个估计量就是有效估计量. 这种方法不仅很烦琐, 而且有很大盲目性. 我们知道, R-C 不等式是用柯西–施瓦茨不等式证明的. 而有效估计量是用 R-C 不等式中等号成立来定义的. 柯西–施瓦茨不等式中等号成立的充要条件也就是 R-C 不等式中等号成立的充要条件, 而作者在文献 [1] 中已证明这个充要条件就是定理 2.1 中的充要条件. 从而不仅给出有效估计量存在唯一的充要条件, 而且给出有效估计量、费希尔信息量和 R-C 不等式下界的非常简捷求法. 从而解决了又一遗留问题.

(3) 在概率论中, 经常要计算事件发生的概率. 然而有些事件的概率计算起来很麻烦. 例如, 五同六同等问题. 四同和四同以下的概率还可以直接计算. 但是, 四同以上的概率直接计算非常复杂, 无法进行下去. 作者由鞋子配对 (二同) 问题引出 S 矩阵、R 矩阵和 H 矩阵, 解决了这个遗留难题.

(4) 寿命试验绝大多数是截尾试验. 因此, 截尾试验是很重要一类试验. 但是关于截尾试验的参数估计、区间估计等内容在数理统计教材中却找不到, 为什么? 主要是参数的极大似然函数不好求. 寿命分布只有两种, 即指数分布与几何分布. 20 世纪末, 作者在文献中看到泊松过程与指数分布之间的关系 (即定理 3.4.1), 虽然证明都很复杂, 很难看懂. 但是, 作者还是利用泊松过程和指数分布之间的关系, 求出寿命服从指数分布的截尾试验的参数的极大似然函数, 并于 2003 年首次把截尾试验引入教材. 由于指数分布与几何分布的相似性, 以及伯努利过程定义与泊松过程定义相似, 既然指数分布是泊松过程到达间隔时间, 那几何分布一定是伯努利过程到达间隔时间 (即定理 3.3.1). 在 2002 年, 作者证明了这个结论并把它写入 [3] 中. 但是, 那里的证明有错, 错在求和上下限没取对. 2012 年, 在文献 [5] 中才给出正确证明, 由于定理 4.1 是两次利用全概率公式证明的, 自然会想到用全概率公式证明定理 5.1. 试一下, 成功了. 有了定理 4.1 与定理 5.1, 很自然不仅把几何分布寿命截尾试验引进了数理统计教材, 还把泊松过程的检验与伯努利过程的检验也引进了数理统计教材. 这两过程的检验是文献 [5] 首次给出的.

(5) 极大似然估计是比较好的估计方法. 但是, 对一般离散分布却用不上. 为什么? 还是因为其参数的似然函数不好求, 难点是其取值概率不好用一个式子表示. 作者想其分布函数借助单位阶跃函数可用一个式子表示, 在 2003 年, 作者引入了一个新函数, 脉冲函数 (也称为 S 函数), 才解决了这个难点, 从而, 给出一般离散分布概率函数的定义, 才解决了这一遗留难题. 这个方法具有一般性, 即对特殊离散分布也适用. 例如, 对二项分布、几何分布、负二项分布等也都适用. 但是, 有个例外, 对超几何分布不适用. 对超几何分布来说, 除了极大似然函数不好确定外, 还无法建立似然方程. 这是由于求导数太复杂. 通过对极大似然原理的分析, 作者首先确定了极大似然函数, 为了避开求导数, 又研究了该极大似然函数相邻两项之比, 先找出使似然函数取极大的样本容量为 1 的参数的估计量, 在此基础上, 又求出样本容量为 n 的估计量, 从而解决了这个遗留问题.

此外, 现作两点说明: 第一, 本书中一些结果和方法, 已被很多教材、文献引用, 如有效估计量存在唯一定理及其求法、求置信区间和拒绝域的待定实数法、求贝叶

前言

斯估计量的函数核法、证明贝叶斯定理的正规方程法求骰子点数和分布的逐个纸上作业法、抽样分布定理另一证法、证明一个过程是泊松过程的全概率公式法、一些组合公式的概率证明 (法)、超几何分布参数估计计算法、截尾试中参数似然函数求法、解五同六同等问题的 S 矩阵法等. 除离散分布密度函数定义和概率函数定义外, 本书还给出了频数分布、频数母函数、事件奇交和偶交 (S 运算)、S 函数、S 分布 (见 [5])、S 矩阵、R 矩阵、H 矩阵、S 公式、S 不等式等新概念. 第二, 之所以详细叙述上述 5 点, 是想把解决问题的思想方法告诉读者, 希望对读者能有一点点帮助. 在很多时候, 想法比结果还重要.

本书收录了作者在概率论与数理统计方面 22 项研究成果. 这些研究成果解决了概率论与数理统计中五个遗留问题; 首次把截尾试验和两个随机过程的检验 (其检验方法非常简单) 引进数理统计教材; 给出了十多个新概念和十多个行之有效的新方法, 使得概率论与数理统计这两门学科的理论得到了进一步完善, 内容得到了进一步充实, 方法得到了进一步改进和应用得到了进一步推广.

感谢两位评审专家对本书的匿名评审! 再一次感谢作者的大哥孙曼和大嫂闵锐, 没有他们的教育和培养, 不会有作者的今天.

由于作者水平所限, 书中一定存在不足之处, 恳请读者指正!

孙荣恒

2017 年 11 月

目 录

第1讲 概率论方面的研究成果 ·· 1
  1.1 多个事件奇交 (对称差) 的定义及其性质 ································ 1
    1.1.1 为介绍多个事件奇交，先介绍事件序列的极限运算 ············ 1
    1.1.2 多于两个事件的对称差 ·· 3
  1.2 三事件之一先发生的概率计算公式 ··· 14
  1.3 彩票中获各等奖的概率计算公式 ·· 16
  1.4 S 矩阵、R 矩阵、H 矩阵定义及其应用 ····································· 17
    1.4.1 S 矩阵及其应用 ·· 17
    1.4.2 R 矩阵及其应用 ··· 22
    1.4.3 H 矩阵及其应用 ··· 28
  1.5 不同比赛规则获胜的概率计算公式 ··· 30
  1.6 逐个纸上作业法 ·· 34
  1.7 离散型随机变量为几何分布当且仅当它具有无记忆性 ················· 40
  1.8 连续型随机变量为指数分布当且仅当它具有无记忆性 ················· 42
  1.9 两个母公式 ··· 44
  1.10 极值联合分布 ·· 48
  1.11 一些组合公式的概率证明 ·· 53
    1.11.1 由三个常见离散分布得到的组合公式 ····························· 54
    1.11.2 由极值分布得到的组合公式 ·· 60
    1.11.3 由其他概率模型得到的组合公式 ··································· 66
  1.12 S 不等式 ·· 70
  1.13 离散型随机变量的密度函数定义及其在反演公式中的应用 ········· 71

第2讲 数理统计方面的成果 ·· 76
  2.1 抽样分布定理的另一证明 ·· 76
  2.2 贝叶斯定理的正规方程法证明 ··· 77

  2.3 有效估计量存在唯一性充要条件定理及其应用·····················78

  2.4 一般离散分布和超几何分布参数的极大似然估计·················81

    2.4.1 一般离散分布参数的极大似然估计························81

    2.4.2 超几何分布参数的极大似然估计··························83

  2.5 求置信区间和拒绝域的待定实数法·······························84

第 3 讲 随机过程方面的成果···88

  3.1 排队系统 Geo/Geo/· 的平均忙期··································88

  3.2 排队系统 $M/M/\cdot$ 的平均忙期····································91

  3.3 随机序列是伯努利随机过程的充要条件及其应用·················94

  3.4 随机过程是泊松过程的充要条件的另一证明及其应用···········106

参考文献··114

第1讲 概率论方面的研究成果

1.1 多个事件奇交 (对称差) 的定义及其性质 [5]

1.1.1 事件序列的极限运算

定义 1.1.1 设 $\{A_n\}$ 为 Ω 中的事件序列, 定义:

(1) $\bigcap_{n=1}^{\infty} \bigcup_{k=n}^{\infty} A_k$ 为 $\{A_n\}$ 的上极限, 记为 $\varlimsup_{n\to\infty} A_n$, 即 $\varlimsup_{n\to\infty} A_n = \bigcap_{n=1}^{\infty} \bigcup_{k=n}^{\infty} A_k$;

(2) $\bigcup_{n=1}^{\infty} \bigcap_{k=n}^{\infty} A_k$ 为 $\{A_n\}$ 的下极限, 记为 $\varliminf_{n\to\infty} A_n$, 即 $\varliminf_{n\to\infty} A_n = \bigcup_{n=1}^{\infty} \bigcap_{k=n}^{\infty} A_k$;

(3) 如果 $\varlimsup_{n\to\infty} A_n = \varliminf_{n\to\infty} A_n$, 则称事件序列 $\{A_n\}$ 的极限存在, 且称 $\varliminf_{n\to\infty} A_n$ 为其极限, 记为 $\lim_{n\to\infty} A_n$, 即 $\lim_{n\to\infty} A_n = \varliminf_{n\to\infty} A_n = \varlimsup_{n\to\infty} A_n$.

定理 1.1.1 设 $\{A_n\}$ 为 Ω 中的事件序列, 则

(1) $\varlimsup_{n\to\infty} A_n = \{e : e\ \text{属于无穷多个}\ A_n\}$;

(2) $\varliminf_{n\to\infty} A_n = \{e : e\ \text{属于几乎一切}\ A_n\}$,

其中 "e 属于几乎一切 A_n" 的意思是: 除事件序列 $A_1, A_2, A_3, \cdots$ 中的有限个事件外, e 属于其余一切事件.

证明 (1) 设 $e_0 \in \varlimsup_{n\to\infty} A_n = \bigcap_{n=1}^{\infty} \bigcup_{k=n}^{\infty} A_k$, 则对任意正整数 $n, e_0 \in \bigcup_{k=n}^{\infty} A_k$, 所以 e_0 属于无穷多个 A_n, 如果不然, 则必存在 n_0, 使得当 $m > n_0$ 时, 均有 $e_0 \bar{\in} \bigcup_{k=m}^{\infty} A_k$, 矛盾. 于是证得 $\varlimsup_{n\to\infty} A_n \subset \{e : e\ \text{属于无穷多个}\ A_n\}$.

反之, 设 $e_0 \in \{e : e\ \text{属于无穷多个}\ A_n\}$, 则对任意正整数 n, 有 $e_0 \in \bigcup_{k=n}^{\infty} A_k$, 从而 $e_0 \in \bigcap_{n=1}^{\infty} \bigcup_{k=n}^{\infty} A_k$, 于是得 $\{e : e\ \text{属于无穷多个}\ A_n\} \subset \varlimsup_{n\to\infty} A_n$, 从而 (1) 得证.

(2) 设 $e_0 \in \{e : e\text{属于几乎一切}A_n\}$，则存在正整数 m，使得 $e_0 \in \bigcap\limits_{k=m}^{\infty} A_k$，故 $e_0 \in \bigcup\limits_{n=1}^{\infty} \bigcap\limits_{k=n}^{\infty} A_k$，即 $\{e : e\text{属于几乎一切}A_n\} \subset \varliminf\limits_{n\to\infty} A_n$.

反之，设 $e_0 \in \varliminf\limits_{n\to\infty} A_n = \bigcup\limits_{n=1}^{\infty} \bigcap\limits_{k=n}^{\infty} A_k$，则至少存在一个正整数 m，使 $e_0 \in \bigcap\limits_{k=m}^{\infty} A_k$，故对一切 $k \geqslant m$，均有 $e_0 \in A_k$，即 e_0 属于几乎一切 A_n，所以有 $\varliminf\limits_{n\to\infty} A_n \subset \{e : e\text{属于几乎一切}A_n\}$，从而 (2) 得证.

推论 1.1.1 $\varliminf\limits_{n\to\infty} A_n \subset \varlimsup\limits_{n\to\infty} A_n$.

证明 因为属于几乎一切 A_n 的样本点一定属于无穷多个 A_n，所以 $\varliminf\limits_{n\to\infty} A_n \subset \varlimsup\limits_{n\to\infty} A_n$.

推论 1.1.2 改变事件序列 $\{A_n\}$ 中的有限多项不影响 $\{A_n\}$ 的上、下极限.

推论 1.1.3 (1) $\overline{\varlimsup\limits_{n\to\infty} A_n} = \varliminf\limits_{n\to\infty} \overline{A_n}$;

(2) $\overline{\varliminf\limits_{n\to\infty} A_n} = \varlimsup\limits_{n\to\infty} \overline{A_n}$.

证明 (1) 由德·摩根对偶定律得

$$\overline{\varlimsup\limits_{n\to\infty} A_n} = \overline{\bigcup\limits_{n=1}^{\infty} \bigcap\limits_{k=n}^{\infty} A_n} = \bigcap\limits_{n=\infty}^{\infty} \overline{\left(\bigcap\limits_{k=n}^{\infty} A_k\right)} = \bigcap\limits_{n=1}^{\infty} \bigcup\limits_{k=n}^{\infty} \overline{A_k} = \varliminf\limits_{n\to\infty} \overline{A_n}$$

同理可证 (2); 或在 (1) 式中将 A_n 换成 $\overline{A_n}$，两边再取逆并由 $\overline{\overline{A}} = A$ 可立得 (2).

定理 1.1.2 设 $\{A_n\}$ 为 Ω 中的事件序列.

(1) 如果 $\{A_n\}$ 单调不减，即 $A_1 \subset A_2 \subset A_3 \subset \cdots$，则 $\lim\limits_{n\to\infty} A_n$ 存在且 $\lim\limits_{n\to\infty} A_n = \bigcup\limits_{n=1}^{\infty} A_n$.

(2) 如果 $\{A_n\}$ 单调不增，即 $A_1 \supset A_2 \supset A_3 \supset \cdots$，则 $\lim\limits_{n\to\infty} A_n$ 存在且 $\lim\limits_{n\to\infty} A_n = \bigcap\limits_{n=1}^{\infty} A_n$.

证明 (1) 设 $e_0 \in \varlimsup\limits_{n\to\infty} A_n$，由定理 1.1.1 知，$e_0$ 属于无穷多个 A_n，故总存在正整数 m，使得 $e_0 \in A_m$. 因为 $\{A_n\}$ 单调不减，所以当 $k \geqslant m$ 时均有 $e_0 \in A_k$，即 e_0 属于几乎一切 A_n，所以 $e_0 \in \varliminf\limits_{n\to\infty} A_n$. 由此说明 $\varlimsup\limits_{n\to\infty} A_n \subset \varliminf\limits_{n\to\infty} A_n$. 又由推论 1.1.1

知 $\varliminf\limits_{n\to\infty} A_n \subset \varlimsup\limits_{n\to\infty} A_n$, 于是 $\lim\limits_{n\to\infty} A_n$ 存在. 因为 $\lim\limits_{n\to\infty} A_n = \bigcup\limits_{n=1}^{\infty} \bigcap\limits_{k=n}^{\infty} A_k = \bigcup\limits_{n=1}^{\infty} A_n$, 所以证得 (1).

(2) 因为 $\{A_n\}$ 单调不增, 所以 $\{\overline{A_n}\}$ 单调不减, 由 (1) 知 $\lim\limits_{n\to\infty} \overline{A_n}$ 存在且 $\lim\limits_{n\to\infty} \overline{A_n} = \varlimsup\limits_{n\to\infty} \overline{A_n} = \bigcup\limits_{n=1}^{\infty} \overline{A_n}$. 由定理 1.1.1 的推论与德·摩根对偶定律, 对上式两边取逆得 $\varlimsup\limits_{n\to\infty} A_n = \varliminf\limits_{n\to\infty} A_n = \bigcap\limits_{n=1}^{\infty} A_n$, 故 $\lim\limits_{n\to\infty} A_n = \bigcap\limits_{n=1}^{\infty} A_n$.

定理 1.1.3 设 $\{A_{n_k}\}$ 为事件序列 $\{A_n\}$ 的子事件序列. 如果 $\lim\limits_{n\to\infty} A_n$ 存在, 则 $\lim\limits_{k\to\infty} A_{n_k}$ 也存在; 反之, 如果 $\lim\limits_{k\to\infty} A_{n_k}$ 不存在, 则 $\lim\limits_{n\to\infty} A_n$ 也不存在.

证明 如果 $e_0 \in \varliminf\limits_{n\to\infty} A_n$, 则 e 属于几乎一切 A_n, 故存在正整数 m(由 $AB \subset A$), 当 n 与 k 都大于 m 时, $e \in \bigcap\limits_{n=m+1}^{\infty} A_n \subset \bigcap\limits_{k=m+1}^{\infty} A_{n_k}$, 即 e 属于几乎一切 A_{n_k}, 也即 $\varliminf\limits_{n\to\infty} A_n \subset \varliminf\limits_{k\to\infty} A_{n_k}$, 又因 $\varliminf\limits_{k\to\infty} A_{n_k} \subset \varlimsup\limits_{k\to\infty} A_{n_k} \subset \varlimsup\limits_{n\to\infty} A_n$, 所以
$$\varliminf\limits_{n\to\infty} A_n \subset \varliminf\limits_{k\to\infty} A_{n_k} \subset \varlimsup\limits_{k\to\infty} A_{n_k} \subset \varlimsup\limits_{n\to\infty} A_n$$
从而定理得证.

1.1.2 多于两个事件的对称差

前面我们给出事件 A 与 B 的对称差为 $A \Delta B = (A \backslash B) \bigcup (B \backslash A)$. 由于 $A \Delta B$ 仍为事件, 很自然, 我们会引入 $A \Delta B$ 与另一事件 C 的对称差 $(A \Delta B) \Delta C$, 更进一步, 我们会引入多个事件对称差的概念.

定义 1.1.2 设 $A_1, A_2, \cdots, A_n$ 为 Ω 中的 n 个事件, 记
$$A_1 \Delta A_2 \Delta \cdots \Delta A_n = \{[(A_1 \Delta A_2) \Delta A_3] \Delta \cdots\} \Delta A_n$$
称 $A_1 \Delta A_2 \Delta \cdots \Delta A_n$ 为事件 $A_1, A_2, \cdots, A_n$ 的对称差或奇交, 并简记为 $\overset{n}{\underset{i=1}{\Delta}} A_i$, 即 $\overset{n}{\underset{i=1}{\Delta}} A_i = A_1 \Delta A_2 \Delta \cdots \Delta A_n$.

引理 1.1.1 设 A, B, C 为 Ω 中的事件, 则
$$(A \Delta B) \Delta C = (B \Delta C) \Delta A = (C \Delta A) \Delta B.$$

证明 因为 $A \Delta B = A\overline{B} + B\overline{A}$, 故
$$(A \Delta B) \Delta C = (A\overline{B} + B\overline{A}) \Delta C = [(A\overline{B} + B\overline{A})\overline{C}] + [\overline{(A\overline{A} + B\overline{A})}C]$$

$$=A\overline{B}\,\overline{C}+B\overline{A}\,\overline{C}+[(\overline{A}\bigcup B)(\overline{B}\bigcup A)C]$$

$$=A\overline{B}\,\overline{C}+\overline{A}B\overline{C}+\overline{A}\,\overline{B}C+ABC$$

同理得

$$(B\Delta C)\Delta A = A\overline{B}\,\overline{C}+\overline{A}B\overline{C}+\overline{A}\,\overline{B}C+ABC$$

$$(C\Delta B)\Delta B = A\overline{B}\,\overline{C}+\overline{A}B\overline{C}+\overline{A}\,\overline{B}C+ABC$$

从而引理 1.1.1 得证.

定理 1.1.4 设 $A_1, A_2, \cdots, A_n$ 为 Ω 中的 n 个事件, $i_1, i_2, \cdots, i_n$ 为 $1, 2, \cdots, n$ 的任一种排列, 则对任意正整数 $n \geqslant 2$ 有 $\overset{n}{\underset{i=1}{\Delta}} A_i = \overset{n}{\underset{k=1}{\Delta}} A_{i_k}$.

证明 由引理 1.1.1 知, 当 $n=2$ 与 $n=3$ 时结论均成立. 现设 $n=k$ 时结论成立, 往证 $n=k+1$ 时结论也成立.

因为

$$A_1 \Delta A_2 \Delta A_3 \Delta \cdots \Delta A_{k+1} \tag{1.1.1}$$

与

$$A_{i_1} \Delta A_{i_2} \Delta A_{i_3} \Delta \cdots \Delta A_{i_{k+1}} \tag{1.1.2}$$

可以看成 $k+1$ 个不同元素 $A_1, A_2, \cdots, A_{k+1}$ 的两种排列. 而对于 $k+1$ 个不同元素的任意两种排列都可以通过变动其前 k 个元素, 使得两种排列的前 $k-1$ 个元素 (包括顺序) 彼此一样. 现变动 (1.1.1) 与 (1.1.2) 中的前 k 个元素使得它们的前 $k-1$ 元素 (包括顺序) 彼此一样. 由归纳假设这种变动不影响运算的结果. 记变动后前 $k-1$ 个元素 (事件) 的对称差为 A, 则

$$\overset{k+1}{\underset{i=1}{\Delta}} A_i = (A\Delta A_{i_k})\Delta A_{k+1}$$

$$\overset{k+1}{\underset{j=1}{\Delta}} A_{i_j} = (A\Delta A_{k+1})\Delta A_{i_k}$$

由引理 1.1.1 得

$$(A\Delta A_{i_k})\Delta A_{k+1} = (A\Delta A_{k+1})\Delta A_{i_k}$$

这说明, 当 $n=k+1$ 时, 结论也成立, 从而定理 1.1.4 得证.

用数学归纳法易证下述定理.

定理 1.1.5 设 $A_1, A_2, \cdots, A_n$ 为 n 个互不相交的事件, 则 $\underset{i=1}{\overset{n}{\triangle}} A_i = \bigcup_{i=1}^{n} A_i$.

由

$$A_1 \triangle A_2 = A_1 \overline{A}_2 + \overline{A}_1 A_2$$

$$A_1 \triangle A_2 \triangle A_3 = A_1 \overline{A}_2 \overline{A}_3 + A_2 \overline{A}_1 \overline{A}_3 + A_3 \overline{A}_1 \overline{A}_2 + A_1 A_2 A_3$$

$$\underset{i=1}{\overset{4}{\triangle}} A_i = A_1 \overline{A}_2 \overline{A}_3 \overline{A}_4 + \overline{A}_1 A_2 \overline{A}_3 \overline{A}_4 + \overline{A}_1 \overline{A}_2 A_3 \overline{A}_4 + \overline{A}_1 \overline{A}_2 \overline{A}_3 A_4$$

$$+ \overline{A}_1 A_2 A_3 A_4 + A_1 \overline{A}_2 A_3 A_4 + A_1 A_2 \overline{A}_3 A_4 + A_1 A_2 A_3 \overline{A}_4$$

当 $e \in A_1 \triangle A_2$ 时, e 只属于 A_1, A_2 之一; 当 $e \in \underset{i=1}{\overset{3}{\triangle}} A_i$ 或 $e \in \underset{i=1}{\overset{4}{\triangle}}$ 时, e 只能属于奇数个 $A_i (i=1,2,3,4)$. 我们有如下定理.

定理 1.1.6 (结构定理) 设 $A_1, A_2, \cdots, A_n$ 为 Ω 中的 n 个事件, 则

$$\underset{i=1}{\overset{n}{\triangle}} A_i = \{e : e \text{仅属于奇数个} A_i\}$$

这也是我们称 $\underset{i=1}{\overset{n}{\triangle}} A_i$ 为 $A_1, A_2, \cdots, A_n$ 的奇交的理由.

证明 由上述知, 当 $n=2$ 和 $n=3$ 时定理结论都成立. 设 $n=k$ 时定理结论成立, 即当 $e_0 \in \underset{i=1}{\overset{k}{\triangle}}$ 时, $A_1, A_2, \cdots, A_k$ 中仅有奇数个 A_i 含有 e_0, 现在证明 $n=k+1$ 时定理结论也成立. 如果 $e_0 \in \underset{i=1}{\overset{k+1}{\triangle}} A_i$, 则因为 $\underset{i=1}{\overset{k+1}{\triangle}} = \left(\underset{i=1}{\overset{k}{\triangle}} A_i\right) \overline{A}_{k+1} + A_{k+1} \overline{\left(\underset{i=1}{\overset{k}{\triangle}} A_i\right)}$, 故 e_0 仅属于 $\underset{i=1}{\overset{k}{\triangle}} A_i$ 与 A_{k+1} 之一, 即 e_0 属于 $\underset{i=1}{\overset{k}{\triangle}} A_i$ 而不属于 A_{k+1} 或属于 A_{k+1} 而不属于 $\underset{i=1}{\overset{k}{\triangle}} A_i$, 此示 $A_1, A_2, \cdots, A_{k+1}$ 中仅能有奇数个 A_i 含有 e_0, 由数学归纳法, 本定理得证.

推论 1.1.4 如果事件 $A_1 \supset A_2 \supset \cdots \supset A_n$, 则 $(n \geqslant 2)$

$$\underset{i=1}{\overset{n}{\triangle}} A_i = \begin{cases} \bigcup_{i=1}^{n/2} (A_{2i-1} - A_{2i}), & n \text{ 为偶数} \\ \bigcup_{i=1}^{(n-1)/2} (A_{2i-1} - A_{2i}) \bigcup A_1, & n \text{ 为奇数} \end{cases}$$

推论 1.1.5 如果事件 $A_1 \subset A_2 \subset \cdots \subset A_n$, 则 $(n \geqslant 2)$

$$\mathop{\triangle}\limits_{i=1}^{n} A_i = \begin{cases} \bigcup\limits_{i=1}^{n/2}(A_{2i}-A_{2i-1}), & n \text{ 为偶数} \\ \bigcup\limits_{i=1}^{(n-1)/2}(A_{2i+1}-A_{2i}+A_1), & n \text{ 为奇数} \end{cases}$$

设 $A_1, A_2, \cdots, A_n$ 为 Ω 中的 n 个事件. 现从这 n 个事件中任取 j 个事件 $A_{i_1}, A_{i_2}, \cdots, A_{i_j}$ 与其余的 $n-j$ 个事件的逆事件 $\overline{A}_{i_{j+1}}, \overline{A}_{i_{j+2}}, \cdots, \overline{A}_{i_n}$ 相交得 $A_{i_1} A_{i_2} \cdots A_{i_j} \overline{A}_{i_{j+1}} \cdots \overline{A}_{i_n}$, 然后再求所有可能的和, 并用 $B_{j/n}$ 表示这个和. 例如

$$B_{1/2} = A_1 \overline{A}_2 + A_2 \overline{A}_1, \quad B_{2/2} = A_1 A_2, \quad B_{0/2} = \overline{A}_1 \overline{A}_2$$

$$B_{1/3} = A_1 \overline{A}_2 \overline{A}_3 + A_2 \overline{A}_1 \overline{A}_3 + A_3 \overline{A}_1 \overline{A}_2$$

$$B_{2/3} = A_1 A_2 \overline{A}_3 + A_1 \overline{A}_2 A_3 + \overline{A}_1 A_2 A_3$$

$$B_{3/3} = A_1 A_2 A_3, \quad B_{0/3} = \overline{A}_1 \overline{A}_2 \overline{A}_3$$

$$B_{1/4} = A_1 \overline{A}_2 \overline{A}_3 \overline{A}_4 + A_2 \overline{A}_1 \overline{A}_3 \overline{A}_4 + \overline{A}_1 \overline{A}_2 A_3 \overline{A}_4 + \overline{A}_1 \overline{A}_2 \overline{A}_3 A_4$$

$$B_{0/4} = \overline{A}_1 \overline{A}_2 \overline{A}_3 \overline{A}_4, \quad B_{4/4} = A_1 A_2 A_3 A_4 \cdots$$

引入符号 $B_{j/n}(0 \leqslant j \leqslant n)$ 后, 由定理 1.1.6 立得如下推论.

推论 1.1.6 对 Ω 中任意 n 个事件 $A_1, A_2, \cdots, A_n$ 有

$$\mathop{\triangle}\limits_{i=1}^{n} A_i = B_{1/n} + B_{3/n} + B_{5/n} + \cdots + B_{(2[(n+1)/2]-1)/n} = \sum_{j=1}^{[(n+1)/2]} B_{(2j-1)/n}$$

因

$$A_1 \triangle A_2 = (A_1 \bigcup A_2) - A_1 A_2$$

$$A_1 \triangle A_2 \triangle A_3 = A_1 \overline{A}_2 \overline{A}_3 \bigcup A_2 \overline{A}_1 \overline{A}_3 \bigcup A_3 \overline{A}_1 \overline{A}_2 \bigcup A_1 A_2 A_3$$

且

$$(A_1 \bigcup A_2 \bigcup A_3) - (A_1 A_2 \bigcup A_1 A_3 \bigcup A_2 A_3)$$

$$= (A_1 \bigcup A_2 \bigcup A_3) \overline{(A_1 A_2 \bigcup A_1 A_3 \bigcup A_2 A_3)}$$

$$= (A_1 \bigcup A_2 \bigcup A_3)(\overline{A}_1 \overline{A}_2 \bigcup \overline{A}_1 \overline{A}_2 \bigcup \overline{A}_2 \overline{A}_3 \bigcup \overline{A}_1 \overline{A}_2 \overline{A}_3)$$

$$=A_1\overline{A_2}\overline{A_3}+A_2\overline{A_1}\overline{A_3}\bigcup A_3\overline{A_1}\overline{A_2}$$

所以 $\underset{i=1}{\overset{3}{\triangle}} A_i = \underset{I=1}{\overset{3}{\bigcup}} A_3 - (A_1A_2 \bigcup A_1A_3 \bigcup A_2A_3) + A_1A_2A_3$, 由此, 我们猜想有下述表达式定理.

定理 1.1.7 (表达式定理) 设 $A_1, A_2, \cdots, A_n$ 为 Ω 中的 n 个事件, 则

$$\underset{i=1}{\overset{n}{\triangle}} A_i = \underset{I=1}{\overset{n}{\bigcup}} A_i - \underset{1\leqslant i<j}{\overset{n}{\bigcup}} A_iA_j + \underset{1\leqslant i<j<k}{\overset{n}{\bigcup}} A_iA_jA_k - \cdots + (-1)^{n-1} A_1A_2\cdots A_n$$

其中 $\underset{1\leqslant i<j}{\overset{n}{\bigcup}} A_iA_j$ 表示 n 个事件 $A_1, A_2, \cdots, A_n$ 两两积的和, $\underset{1\leqslant i<j<k}{\overset{n}{\bigcup}} A_iA_jA_k$ 为 n 个事件三三积的和, 其中符号 "−" 表示 "\", "+" 表示 "$\bigcup$", 且规定

$$+(-1) = \backslash, \quad +(+1) = \bigcup, \quad (-1)^{2k} = + = \bigcup, \quad (-1)^{2k-1} = \backslash$$

由数学归纳法可证定理. 但是, 因为较复杂和冗长, 故略.

定理 1.1.8 对事件 A 与任意 n 个事件 $A_1, A_2, \cdots, A_n$ 有 $A\left(\underset{i=1}{\overset{n}{\triangle}} A_i\right) = \underset{i=1}{\overset{n}{\triangle}} (AA_i)$.

证明是明显的.

推论 1.1.6 和定理 1.1.7 给出了 n 个事件对称差 $\underset{i=1}{\overset{n}{\triangle}} A_i$ 的表达式. 我们自然会进一步问 $\underset{i=1}{\overset{n}{\triangle}} A_i$ 的概率等于什么? 因为 $A_1A_2 \subset A_1 \bigcup A_2$, 所以

$$P\{A_1 \triangle A_2\} = P\{A_1 \bigcup A_2\} - P\{A_1A_2\} = P\{A_1\} + P\{A_2\} - 2P\{A_1A_2\}$$

又因

$$\underset{i=1}{\overset{3}{\triangle}} A_i = A_1\overline{A_2}\overline{A_3} + A_2\overline{A_1}\overline{A_3} + A_3\overline{A_1}\overline{A_2} + A_1A_2A_3$$

故

$$P\left\{\underset{I=1}{\overset{3}{\triangle}} A_1\right\} = P\{A_1\overline{A_2}\overline{A_3}\} + P\{A_2\overline{A_1}\overline{A_3}\} + P\{A_3\overline{A_1}\overline{A_2}\} + P\{A_1A_2A_3\}$$

且

$$P\{A_1\overline{A_2}\overline{A_3}\} = P\{A_1\backslash A_2\backslash A_3\} = P\{A_1 - A_1A_2 - (A_1 - A_1A_2)A_3\}$$

$$= P\{A_1 - A_1A_2\} - P\{(A_1 - A_1A_2)A_3\}$$

$$=P\{A_1\} - P\{A_1A_2\} - P\{A_1A_3\} + P\{A_1A_2A_3\}$$

同理
$$P\{A_2\overline{A_1}\overline{A_3}\} = P\{A_2\} - P\{A_2A_1\} - P\{A_2A_3\} + P\{A_1A_2A_3\}$$

$$P\{A_3\overline{A_1}\overline{A_2}\} = P\{A_3\} - P\{A_3A_1\} - P\{A_3A_2\} + P\{A_1A_2A_3\}$$

从而
$$P\left\{\mathop{\triangle}_{I=1}^{3} A_i\right\} = \sum_{i=1}^{3} P\{A_i\} - 2\sum_{1\leqslant i\leqslant j}^{3} P\{A_iA_j\} + 4P\{A_1A_2A_3\}$$

由此, 我们猜想有如下的定理.

定理 1.1.9 设 $A_1, A_2, \cdots, A_n$ 为 Ω 中的 n 个事件, 则对任意正整数 $n \geqslant 2$, $\mathop{\triangle}\limits_{i=1}^{n} A_i$ 的概率为

$$P\left\{\mathop{\triangle}_{i=1}^{n} A_i\right\} = (-2)^0 S_1 + (-2)^1 S_2 + (-2)^2 S_3 + \cdots + (-2)^{n-1} S_n \tag{1.1.3}$$

其中
$$S_1 = \sum_{i=1}^{n} P\{A_i\}, \quad S_2 = \sum_{i\leqslant i<j}^{n} P\{A_iA_j\}$$

$$S_3 = \sum_{1\leqslant i<j<k}^{n} P\{A_iA_jA_k\}, \quad \cdots, \quad S_n = P\{A_1A_2\cdots A_n\}$$

证明 现用数学归纳法证之. 因当 $n = 2$ 和 $n = 3$ 时, (1.1.3) 式成立. 现设 $n = k$ 时 (1.1.3) 式成立, 往证 $n = k+1$ 时 (1.1.3) 式也成立.

因为
$$P\left\{\mathop{\triangle}_{i=1}^{k+1} A_i\right\} = P\left\{\left(\mathop{\triangle}_{i=1}^{k} A_i\right) \triangle A_{k+1}\right\}$$

$$= P\left\{\mathop{\triangle}_{i=1}^{k} A_i\right\} + P\{A_{k+1}\} - 2P\left\{A_{k+1}\left(\mathop{\triangle}_{i=1}^{k} A_i\right)\right\}$$

由归纳假设与定理 1.1.8, 得

$$P\left\{\mathop{\triangle}_{i=1}^{k+1} A_i\right\} = (-2)^0 \sum_{i=1}^{k} P\{A_i\}$$

$$+ (-2)^1 \sum_{1 \leqslant i < j}^{k} P\{A_i A_j\} + (-2)^2 \sum_{1 \leqslant j < j < k}^{k} P\{A_i A_j A_k\}$$

$$+ \cdots + (-2)^{k-1} P\{A_1 A_2 \cdots A_k\} + P\{A_{k+1}\}$$

$$- 2 \left[\sum_{i=1}^{k} \{A_{k+1} A_i\} + (-2)^1 \sum_{1 \leqslant i < j} P\{A_i A_j A_{k+1}\} \right.$$

$$\left. + \cdots + (-2)^{k-1} P\{A_1 A_2 \cdots A_k A_{k+1}\} \right]$$

$$= (-2)^0 \sum_{i=1}^{k+1} P\{A_i\} + (-2)^1 \sum_{1 \leqslant i < j < k}^{k+1} P\{A_i A_j A_k\}$$

$$+ \cdots + (-2)^k P\{A_1 A_2 \cdots A_k A_{k+1}\}$$

此式当 $n = k + 1$ 时 (1.1.3) 式也成立, 于是定理 1.1.9 得证.

前面我们把两个事件的对称差概念推广到任意有限多个事件, 很自然我们会令 $n \to \infty$, 把这个概念推广到可数无穷多个事件.

定义 1.1.3 设 $\{A_i\}$ 为 Ω 中的事件序列, 记 $\overset{n}{\underset{i=1}{\triangle}} A_i$ 为 B_n, 如果 $\lim\limits_{n\to\infty} B_n$ 存在, 即如果 $\varliminf\limits_{n\to\infty} B_n = \varlimsup\limits_{n\to\infty} B_n$, 则称 $\lim\limits_{n\to\infty} B_n = \lim\limits_{n\to\infty} \overset{n}{\underset{i=1}{\triangle}} A_i$ 为 $\{A_i\}$ 的对称差或奇交. 记为 $\overset{\infty}{\underset{i=1}{\triangle}} A_i$, 即 $\overset{\infty}{\underset{i=1}{\triangle}} A_i = \lim\limits_{n\to\infty} \overset{n}{\underset{i=1}{\triangle}} A_i$.

给了 $\overset{\infty}{\underset{i=1}{\triangle}} A_i$ 的定义后, 我们首先会问: 在什么条件下 $\overset{\infty}{\underset{i=1}{\triangle}} A_i$ 存在? 为回答这个问题, 先来看几个例子.

例 1.1.1 如果 $\{A_i\}$ 为两两互斥事件序列, 则由定理 1.1.2 易见 $\overset{\infty}{\underset{i=1}{\triangle}} A_i$ 存在, 且 $\overset{\infty}{\underset{i=1}{\triangle}} A_i = \overset{\infty}{\underset{i=1}{\cup}} A_i$, $\lim\limits_{i\to\infty} A_i = \varnothing$.

例 1.1.2 设 A 为 Ω 中的一个事件, 令 $A_i = A, i \geqslant 1$, 则由于事件序列 $\{A_i\}$ 的极限存在, 且 $\lim\limits_{i\to\infty} A_i = A$. 记 B_n 为 $\overset{n}{\underset{i=1}{\triangle}} A_i$, 则得事件序列 $\{B_n, n \geqslant 2\}$, 从而有 $B_2 = A_1 \triangle A_2 = \varnothing, B_3 = A, B_4 = \varnothing, B_5 = A, \cdots$, 即 $B_{2j} = \varnothing, B_{2j+1} = A, j = 1, 2, 3, \cdots$. 对 Ω 中任意样本点 e, 如果 $e \in A$, 则 $e \in B_{2j+1}$, 且 $e \overline{\in} B_{2j}, j = 1, 2, 3, \cdots$, 即有无穷多个 B_n 含有 e, 也有无穷多个 B_n 不含有 e, 由定理 1.1.1 知, $e \in \varlimsup\limits_{n\to\infty} B_n$,

而 $e \in \varlimsup\limits_{n \to \infty} B_n$, 所以 $\lim\limits_{n \to \infty} B_n$ 不存在, 即 $\underset{i=1}{\overset{\infty}{\triangle}} A_i$ 不存在.

例 1.1.3 设 Ω 中的事件序列 $\{A_i\}$ 为单调不增序列, 即 $A_1 \supset A_2 \supset A_3 \supset \cdots$, 则由定理 1.1.2 知, $\lim\limits_{i \to \infty} A_i$ 存在, 且 $\lim\limits_{i \to \infty} A_i = \bigcap\limits_{i=1}^{\infty} A_i$, 记 $B_n = \underset{i=1}{\overset{n}{\triangle}} A_i$, 则由推论 1.1.4 得

$$B_n = \begin{cases} \sum\limits_{i=1}^{n/2} A_{2i-1} \overline{A}_{2i}, & n \text{ 为偶数}, \\ \sum\limits_{i=1}^{(n-1)/2} A_{2i-1} \overline{A}_{2i} + A_n, & n \text{ 为奇数}, \end{cases} \quad n \geqslant 2$$

易见, 对于 Ω 中的任意样本点 e, 如果 $e \in B_n$, 则对任意正整数 $m \geqslant n$, 有 $e \in B_m$, 即 $\{B_n\}$ 为单调不减事件序列, 由定理 1.1.2 知 $\lim\limits_{n \to \infty} B_n$ 存在, 且 $\lim\limits_{n \to \infty} B_n = \underset{i=1}{\overset{n}{\triangle}} A_i = \bigcup\limits_{n=2}^{\infty} B_n$.

例 1.1.4 如果 $\{A_i\}$ 为 Ω 中单调不减事件序列, 则由定理 1.1.2、推论 1.1.2 知

$$B_n = \underset{i=1}{\overset{n}{\triangle}} A_i = \begin{cases} \sum\limits_{i=1}^{n/2} A_{2i} \overline{A}_{2i-1}, & n \text{ 为偶数}, \\ \sum\limits_{i=1}^{(n-1)/2} A_{2i+1} \overline{A}_{2i} + A_1, & n \text{ 为奇数}, \end{cases} \quad n \geqslant 2$$

因为 $\{A_i\}$ 为单调不减事件序列, 当 $j = i (i \geqslant 1)$ 时, $A_{2i} \overline{A}_{2i-1}(A_{2i} + A_1) = \varnothing$; 当 $j > i$ 时, $A_{2i} \overline{A}_{2j+1} = A_{2j}, \overline{A}_{2i-1} \overline{A}_{2j+1} = \overline{A}_{2i} \overline{A}_{2j-1} A_1 = \varnothing, \overline{A}_{2i} \overline{A}_{2j-1} = \varnothing$, 故 $\overline{A}_{2i} \overline{A}_{2i-1}(\overline{A}_{2j+1} A_{2j} + A_1) = \varnothing$;

当 $j < i$ 时, 因 $2i - 1 \geqslant 2j + 1$, 故

$$A_{2i} \overline{A}_{2i-1}(A_{2j+1} \overline{A}_{2j} + A_1) = A_{2j+1} \overline{A}_{2i-1} \overline{A}_{2j} = \varnothing.$$

即 B_{2n} 与 B_{2m+1} 互斥, 从而, 当 $e \in B_{2n}$ 时, $e \overline{\in} B_{2m+1}(n, m \geqslant 1)$. 所以 $\lim\limits_{n \to \infty} B_n$ 不存在, 即 $\underset{i=1}{\overset{\infty}{\triangle}} A_i$ 不存在.

在例 1.1.1 中, 当 $e \in \bigcup\limits_{i=1}^{\infty} A_i$ 时, e 只能属于有限个 A_i. 这时 $\underset{i=1}{\overset{\infty}{\triangle}} A_i$ 存在. 而在

例 1.1.2 与例 1.1.4 中, 当 $e \in \bigcup_{i=1}^{\infty} A_i$ 时, e 将属于无穷多个 A_i, 这时 $\underset{i=1}{\overset{\infty}{\triangle}} A_i$ 不存在. 但在例 1.1.3 中, 当 $e \in \bigcup_{i=1}^{\infty} A_i$ 时, e 可能属于无穷多个 A_i, 也可能属于有限多个 A_i, 这时 $\underset{i=1}{\overset{\infty}{\triangle}} A_i$ 不存在.

因此, 我们猜想, 当属于 $\bigcup_{i=1}^{\infty} A_i$ 的 e 仅属于有限多个 A_i 时, $\underset{i=1}{\overset{\infty}{\triangle}} A_i$ 可能存在.

定理 1.1.10 设 $\{A_i\}$ 为 Ω 中事件序列, 如果 $\lim_{i \to \infty} A_i = \varnothing$, 则 $\underset{i=1}{\overset{\infty}{\triangle}} A_i$ 存在.

证明 因为对每个 $e \in \bigcup_{i=1}^{\infty} A_i$, 只能有有限多个事件 A_i 含有它. 设 $e \in \overline{\lim}_{n \to \infty} B_n$, 即 e_0 属于无穷多个 B_n, 又因 e_0 只属于有限多个 A_i, 不妨设 e_0 仅属于 $A_{i_1}, A_{i_2}, \cdots, A_{i_n}$ 中每个事件, 而不属于其他的事件 A_i, 由定理 1.1.6, 则 n 必为奇数, 否则与 e_0 属于无穷多个 B_n 矛盾. 从而得 $e_0 \in \underset{i=1}{\overset{j_n}{\triangle}} A_i$. 于是, 对一切满足 $n > i_n$ 的正整数 n, 有 $e_0 \in \underset{i=1}{\overset{n}{\triangle}} A_i$, 此示 e_0 几乎属于一切 B_n, 故 $e_0 \in \bigcup_{k=1}^{\infty} \bigcap_{n=k}^{\infty} B_n = \underline{\lim}_{n \to \infty} B_n$, 即 $\overline{\lim}_{n \to \infty} B_n \subset \underline{\lim}_{n \to \infty} B_n$, 所以 $\lim_{n \to \infty} B_n$ 存在, 从而本定理得证.

由于对称差具有交换律, 所以变动 (不增减) 事件序列 $\{A_i\}$ 的有限多项后所得事件序列 $\{A_{i_k}\}$ 与 $\{A_i\}$ 的对称差同时存在与否, 且如果存在, 则 $\underset{i=1}{\overset{\infty}{\triangle}} A_i = \underset{k=1}{\overset{\infty}{\triangle}} A_{i_k}$.

由于 n 个事件 $A_1, A_2, \cdots, A_n$ 的对称差 $\underset{i=1}{\overset{n}{\triangle}} A_i$ 又称为此 n 个事件的奇交, 很自然, 我们会引入 n 个事件偶交的概念.

定义 1.1.4 设 $A_1, A_2, \cdots, A_n$ 为 Ω 中的 n 个事件, 记

$$\underset{i=1}{\overset{n}{O}} A_i = \{e : e \text{ 仅属于偶数个} A_i\}$$

称 $\underset{i=1}{\overset{n}{O}} A_i$ 为 $A_1, A_2, \cdots, A_n$ 的偶交, 或事件的 S 运算.

由定义 1.1.4, 显然有

(1) $\underset{i=1}{\overset{2}{O}} A_i = A_1 A_2 = \bigcup_{i=1}^{2} A_i - \underset{i=1}{\overset{2}{\triangle}} A_i$;

(2) $\underset{i=1}{\overset{3}{O}} A_i = \overline{A_1} A_2 A_3 + A_1 \overline{A_2} A_3 + A_1 A_2 \overline{A_3} = \bigcup_{i=1}^{3} A_i - \underset{i=1}{\overset{3}{\triangle}} A_i$;

(3) $\mathop{O}\limits_{i=1}^{n} A_i = \left(\bigcup\limits_{i=1}^{n} A_i\right) - \left(\mathop{\Delta}\limits_{i=1}^{n} A_i\right)$, 即 $\left(\mathop{O}\limits_{i=1}^{n} A_i\right)\left(\mathop{\Delta}\limits_{i=1}^{n} A_i\right) = \varnothing$, $\left(\mathop{O}\limits_{i=1}^{n} A_i\right) \bigcup \left(\mathop{\Delta}\limits_{i=1}^{n} A_i\right) = \bigcup\limits_{i=1}^{n} A_i$;

(4) $\mathop{O}\limits_{i=1}^{n} A_i = \mathop{O}\limits_{k=1}^{n} A_{i_k}$, 其中 $i_1, i_2, \cdots, i_n$ 为 $1, 2, \cdots, n$ 的任一种排列.

(5) 如果 $A_1 \subset A_2 \subset \cdots \subset A_n$, 则

$$\mathop{O}\limits_{i=1}^{n} A_i = \begin{cases} \bigcup\limits_{i=0}^{(n-2)/2} (A_{2i+1}\overline{A}_{2i}), & n \text{ 为偶数 (其中 } A_0 \underline{\Delta} \varnothing) \\ \bigcup\limits_{i=1}^{(n-1)/2} (A_{2i}\overline{A}_{2i-1}), & n \text{ 为奇数} \end{cases}$$

(6) 如果 $A_1 \supset A_2 \supset \cdots \supset A_n$, 则

$$\mathop{O}\limits_{i=1}^{n} A_i = \begin{cases} \left[\bigcup\limits_{i=0}^{(n-2)/2} (A_{2i}\overline{A}_{2i+1})\right] \bigcup A_n, & n \text{ 为偶数 (其中 } A_0 = \varnothing) \\ \bigcup\limits_{i=1}^{(n-1)/2} (A_{2i}\overline{A}_{2i+1}), & n \text{ 为奇数} \end{cases}$$

定理 1.1.11 设 $A_1, A_2, \cdots, A_n$ 为 Ω 中 n 个事件, 则

$$P\left\{\mathop{O}\limits_{i=1}^{n} A_i\right\} = S_2 - (2^2-1)S_3 + (2^3-1)S_4 - (2^4-1)S_5 + \cdots + (-1)^n(2^{n-1}-1)S_n$$

其中

$$S_1 = \sum_{i=1}^{n} P\{A_i\}, \quad S_2 = \sum_{1 \leqslant i < j}^{n} P\{A_i A_j\}, \quad \cdots, \quad S_n = P\{A_1 A_2 \cdots A_n\}.$$

证明 因 $\mathop{O}\limits_{i=1}^{n} A_i = \left(\bigcup\limits_{i=1}^{n} A_i\right) - \left(\mathop{\Delta}\limits_{i=1}^{n} A_i\right)$, 由概率的单调性得

$$P\left\{\mathop{O}\limits_{i=1}^{n} A_i\right\} = P\left\{\bigcup\limits_{i=1}^{n} A_i\right\} - P\left\{\mathop{\Delta}\limits_{i=1}^{n} A_i\right\}$$

又因

$$P\left\{\bigcup\limits_{i=1}^{n} A_i\right\} = S_1 - S_2 + S_3 - S_4 + \cdots + (-1)^{n-1} S_n$$

$$P\left\{\mathop{\Delta}\limits_{i=1}^{n} A_i\right\} = S_1 + (-2)^1 S_2 + (-2)^2 S_3 + \cdots + (-2)^{n-1} S_n$$

从而定理 1.1.11 得证.

定义 1.1.5 设 $\{A_i\}$ 为一事件序列，如果 $\lim_{n\to\infty} \underset{i=1}{\overset{n}{O}} A_i$ 存在，则称此极限为 $\{A_i\}$ 的偶交，并记为 $\underset{i=1}{\overset{\infty}{O}} A_i$，即 $\underset{i=1}{\overset{\infty}{O}} A_i = \lim_{n\to\infty} \underset{i=1}{\overset{n}{O}} A_i$，此时也说 $\underset{i=1}{\overset{\infty}{O}} A_i$ 存在.

引理 1.1.2 设 $\{A_n\}, \{B_n\}$ 为两个事件序列，如果 $\lim_{n\to\infty} A_n$ 与 $\lim_{n\to\infty} B_n$ 都存在，则 $\lim_{n\to\infty}(A_n B_n)$ 也存在，且 $\lim_{n\to\infty} A_n B_n = \left(\lim_{n\to\infty} A_n\right) \bigcap \left(\lim_{n\to\infty} B_n\right)$.

证明 设 $e_0 \in \overline{\lim}_{n\to\infty} A_n B_n$，则 $e_0 \in \overline{\lim}_{n\to\infty} A_n$ 且 $e_0 \in \overline{\lim}_{n\to\infty} B_n$，又因 $\lim_{n\to\infty} A_n$ 与 $\lim_{n\to\infty} B_n$ 均存在，故 $e_0 \in \underline{\lim}_{n\to\infty} A_n$ 且 $e_0 \in \underline{\lim}_{n\to\infty} B_n$，从而 $e_0 \in \underline{\lim}_{n\to\infty} A_n B_n$，即 $\overline{\lim}_{n\to\infty} A_n B_n \subset \underline{\lim}_{n\to\infty} A_n B_n$. 所以 $\lim_{n\to\infty} A_n B_n$ 存在.

由上述证明可知：$\overline{\lim}_{n\to\infty} A_n B_n \subset \left(\overline{\lim}_{n\to\infty} A_n\right)\left(\overline{\lim}_{n\to\infty} B_n\right)$.

故易证：$\lim_{n\to\infty} A_n B_n \subset \left(\lim_{n\to\infty} A_n\right)\left(\lim_{n\to\infty} B_n\right)$. 又易证

$$\lim_{n\to\infty} A_n B_n = \underline{\lim}_{n\to\infty} A_n B_n \supset \left(\underline{\lim}_{n\to\infty} A_n\right)\left(\underline{\lim}_{n\to\infty} B_n\right) = \left(\lim_{n\to\infty} A_n\right)\left(\lim_{n\to\infty} B_n\right)$$

于是引理 1.1.2 得证.

引理 1.1.3 在引理 1.1.2 的条件下，则 $\lim_{n\to\infty}(A_n \backslash B_n)$ 存在，且

$$\lim_{n\to\infty}(A_n \backslash B_n) = \left(\lim_{n\to\infty} A_n\right) \backslash \left(\lim_{n\to\infty} B_n\right)$$

证明 因为 $\lim_{n\to\infty} B_n$ 存在，由推论 1.1.3，$\lim_{n\to\infty} \overline{B}_n$ 也存在，又因

$$A_n \backslash B_n = A_n \overline{B}_n, \quad \left(\lim_{n\to\infty} A_n\right) \backslash \left(\lim_{n\to\infty} B_n\right) = \left(\lim_{n\to\infty} A_n\right)\left(\lim_{n\to\infty} \overline{B}_n\right)$$

由引理 1.1.2 得

$$\lim_{n\to\infty}(A_n \backslash B_n) = \lim_{n\to\infty} A_n \overline{B}_n = \lim_{n\to\infty}(A_n)\left(\lim_{n\to\infty} \overline{B}_n\right) = \left(\lim_{n\to\infty} A_n\right) \backslash \left(\lim_{n\to\infty} B_n\right)$$

从而引理 1.1.3 得证.

定理 1.1.12 设 $\{A_i\}$ 为 Ω 中的事件序列，则 $\underset{i=1}{\overset{\infty}{O}} A_i$ 存在的充分条件是 $\lim_{n\to\infty} A_i = \varnothing$，且当 $\underset{i=1}{\overset{\infty}{O}} A_i$ 存在时，有 $\underset{i=1}{\overset{\infty}{O}} A_i = (\underset{i=1}{\overset{\infty}{\bigcup}} A_i) - (\underset{i=1}{\overset{\infty}{\triangle}} A_i)$.

证明 因 $\lim_{i\to\infty} A_i = \varnothing$，由定理 1.1.10，$\underset{i=1}{\overset{\infty}{\triangle}} A_i$ 存在，又因 $\underset{i=1}{\overset{n}{O}} A_i = \left(\underset{i=1}{\overset{n}{\bigcup}} A_i\right) -$

$\left(\underset{i=1}{\overset{n}{\Delta}} A_i \right)$,由引理 1.1.3 知 $\underset{i=1}{\overset{\infty}{O}} A_i$ 存在且 $\underset{i=1}{\overset{\infty}{O}} A_i = \left(\underset{i=1}{\overset{\infty}{\bigcup}} A_i \right) - \left(\underset{i=1}{\overset{\infty}{\Delta}} A_i \right)$,从而本定理得证.

1.2 三事件之一先发生的概率计算公式 [1]

定理 1.2.1 如果 A, B, C 为一独立重复试验中的三个事件,则 A 先发生的概率 $P(D)$ 为

$$P(D) = [P(A) - P(AB) - P(AC) + P(ABC)]$$
$$/[P(A) + P(B) + P(C) - 2P(AB) - 2P(AC)$$
$$- 2P(BC) + 3P(ABC)] \qquad (1.2.1)$$

证明 将样本空间分成 8 块互斥区域 (图 1.2.1):

$$E_1 = A - AB - (AC - ABC)$$

$$E_2 = B - AB - (BC - ABC), \quad E_3 = C - AC - (BC - ABC)$$

$$E_4 = AB - ABC, \quad E_5 = BC - ABC, \quad E_6 = AC - ABC$$

$$E_7 = ABC, \quad E_8 = \Omega - \sum_{i=1}^{7} E_i$$

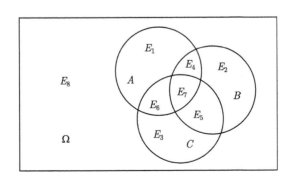

图 1.2.1

1.2 三事件之一先发生的概率计算公式

因为 $AC - ABC$ 是 $A - AB$ 的子事件, AB 是 A 的子事件, ABC 是 AC 的子事件, 所以

$$\begin{aligned}P(E_1) &= P(A - AB - (AC - ABC)) \\ &= P(A - AB) - P(AC - ABC) \\ &= P(A) - P(AB) - P(AC) + P(ABC)\end{aligned}$$

类似地,

$$P(E_2) = P(B) - P(AB) - P(BC) + P(AB)$$

$$P(E_3) = P(C) - P(AC) - P(BC) + P(ABC)$$

由全概率公式, 得

$$\begin{aligned}P(D) &= \sum_{i=1}^{8} P(E_1) P(D/E_i) = P(E_1) + \sum_{i=4}^{8} P(E_1) P(D/E_i) \\ &= P(E_1) + \sum_{i=4}^{7} P(E_i) P(D) + \left[1 - \sum_{i=4}^{7} P(E_i)\right] P(D) \\ &= P(E_1) + P(D) - P(D) \sum_{i=1}^{3} P(E_i)\end{aligned}$$

从而, $P(D) = P(E_1) \Big/ \sum_{i=1}^{3} P(E_i)$, 于是 (1.2.1) 式得证.

当 C 为不可能事件时, (1.2.1) 式变为

$$P(D) = [P(A) - P(AB)] / [P(A) + P(B) - 2P(AB)] \qquad (1.2.2)$$

当三事件均互斥时, (1.2.1) 式变为

$$P(D) = P(A) / [P(A) + P(B) + P(C)] \qquad (1.2.3)$$

如果仅 A 与 B 不互斥, 则式 (1.2.1) 变为

$$P(D) = [P(A) - P(AB)] / [P(A) + P(B) + P(C) - 2P(AB)] \qquad (1.2.4)$$

如果用 E 表示仅 A 与 B 同时先发生的事件, 则

$$P(E) = P(E_4) + P(E_7)P(E) + P(E_8)P(E)$$
$$= P(E_4) + P(E_7)P(E) + P(E) - P(E)\sum_{i=1}^{7}P(E_i) = P(E_4)\bigg/\sum_{i=1}^{6}P(E_i)$$
$$= [P(AB) - P(ABC)]\big/[P(A) + P(B) + P(C)$$
$$- 2P(AB) - P(AC) - P(BC) + P(ABC)] \tag{1.2.5}$$

类似地, 可求仅 A 与 C(或仅 B 与 C) 同时先发生的概率.

当 $P(C) = 0$ 时, (1.2.5) 变为
$$P(E) = P(AB)/[P(A) + P(B) - 2P(AB)] \tag{1.2.6}$$

如果用 F 表示 A, B, C 三事件同时先发生的事件, 则类似地可证
$$P(F) = P(ABC)\big/[P(A) + P(B) + P(C) - P(AB)$$
$$- P(AC) - P(BC) + P(ABC)] \tag{1.2.7}$$

1.3 彩票中获各等奖的概率计算公式 [4]

目前我国几乎所有省会的城市都定期出售福利彩票. 虽然各城市的游戏规则不完全相同, 有的是 35 选 7, 有的是 30 选 7, 有的是 37 选 7, 有的是 30 选 6 等. 设奖等级与每等奖的给奖金额也不尽相同, 但是基本原理是一样的. 现以重庆为例, 其游戏规则之一是: 号码总数为 35(01—35), 基本号码数为 7, 特别号码数为 1, 设奖等级数为 7(1—7). 各等奖设置如下:

一等奖: 选 7 中 7, 二等奖: 选 7 中 6+1.

三等奖: 选 7 中 6, 四等奖: 选 7 中 5+1.

五等奖: 选 7 中 5, 六等奖: 选 7 中 4+1.

七等奖: 选 7 中 4 或选 7 中 3+1.

这一类型游戏实质是古典概型中的有限不放回摸球问题, 可用同一方法计算单注中奖概率. 为了求单注中奖概率, 现考虑如下的摸球问题.

一袋中有 N 个 (同类型) 球, 其中有 M 个红球、L 个黄球、$N - M - L(> 0)$ 个白球. 现不放回地从袋中摸 M 个球, 求摸出的 M 个球中恰有 i 个红球 j 个黄球的概率, $i = 0, 1, \cdots, M; j = 0, 1, \cdots, L$. 记此摸球模型为 $C(N, M, L)$.

1.4 S 矩阵、R 矩阵、H 矩阵定义及其应用

解 设

A_i ="摸出的 M 个球中恰有 i 个红球", $i = 0, 1, \cdots, M$;

B_j ="摸出的 M 个球中恰有 j 个黄球", $j = 0, 1, \cdots, L$.

则从 N 个球中不放回摸出 M 个球其中恰有 i 个红球 j 个黄球的概率为

$$P(A_i B_j) = P(A_i) P(B_j | A_i) = \frac{C_M^i C_{N-M}^{M-i}}{C_N^M} \cdot \frac{C_L^j C_{N-M-L}^{M-i-j}}{C_{N-M}^{M-i}}$$

$$= \frac{C_M^i C_L^j C_{N-M-L}^{M-i-j}}{C_N^M}, \quad i = 0, 1, \cdots, M; j = 0, 1, \cdots, L$$

注意:当 $n < k$ 时,有 $C_n^k = 0$.

本游戏是 $N = 35, M = 7, L = 1$ 的模型 $C(N, M, L)$ 的特殊情形. 这时, 组合数 $C_{35}^7 = 6724520$, 上式变为

$$P(A_i B_j) = C_7^i C_1^j C_{27}^{7-i-j} / C_{35}^7, \quad i = 0, 1, \cdots, 7; j = 0, 1$$

由此式可得单注中 k 等奖的概率 $p_k, k = 1, 2, \cdots, 7$, 它们分别为

$$p_1 = P(A_7 B_0) = 1.487095 \times 10^{-7}$$
$$p_2 = P(A_6 B_1) = 1.0409665 \times 10^{-6}$$
$$p_3 = P(A_6 B_0) = 2.810061 \times 10^{-5}$$
$$p_4 = P(A_5 B_1) = 8.4318 \times 10^{-5}$$
$$p_5 = P(A_5 B_0) = 1.0961737 \times 10^{-3}$$
$$p_6 = P(A_4 B_1) = 1.826896 \times 10^{-3}$$
$$p_7 = P(A_4 B_0) + P(A_3 B_1) = 3.0448269 \times 10^{-2}$$

从而单注中奖概率为 $\sum_{k=1}^{7} p_k = 0.033485$.

1.4 S 矩阵、R 矩阵、H 矩阵定义及其应用 [5]

1.4.1 S 矩阵及其应用

我们称方阵

$$\begin{bmatrix} 1 & -1 & 1 & -1 \\ 0 & 1 & -2 & 3 \\ 0 & 0 & 1 & -3 \\ 0 & 0 & 0 & 1 \end{bmatrix} \tag{1.4.1}$$

为四阶 S 矩阵, 记为 M_4. S 矩阵是由鞋子配对引出的. 由上矩阵可以看出 S 矩阵有如下性质:

(i) 在每行每列 (除第一列和末行外) 中正负符号是交错的.

(ii) 在第一行中的每元素的绝对值是 1; 主对角线上每元素的值也是 1; 所有元素之和也是 1.

(iii) 如果设 $x_{i,j}$ 表示第 i 行第 j 列的元素的绝对值, 则有

$$x_{i,j} + x_{i+1,j} = x_{i+1,j+1}, \quad i,j = 1,2,3,\cdots \tag{1.4.2}$$

例如, 在 (1.4.1) 式中

$x_{2,3} + x_{3,3} = x_{3,4}$, 即 $|-2| + 1 = 3 = |-3|$;

$x_{1,2} + x_{2,2} = x_{2,3}$, 即 $|-1| + 1 = 2 = |-2|$;

$x_{2,2} + x_{3,2} = x_{3,3}$, 即 $1 + 0 = 1$.

利用上述 S 矩阵的三个性质, 可很容易写出各阶 S 矩阵. 如 M_5 与 M_6 分别为

$$M_5 = \begin{bmatrix} 1 & -1 & 1 & -1 & 1 \\ 0 & 1 & -2 & 3 & -4 \\ 0 & 0 & 1 & -3 & 6 \\ 0 & 0 & 0 & 1 & -4 \\ 0 & 0 & 0 & 0 & 1 \end{bmatrix}, \quad M_6 = \begin{bmatrix} 1 & -1 & 1 & -1 & 1 & -1 \\ 0 & 1 & -2 & 3 & -4 & 5 \\ 0 & 0 & 1 & -3 & 6 & -10 \\ 0 & 0 & 0 & 1 & -4 & 10 \\ 0 & 0 & 0 & 0 & 1 & -5 \\ 0 & 0 & 0 & 0 & 0 & 1 \end{bmatrix}$$

应用 1.4.1 (三同问题) 设有黑桃、红桃、方块各 10 张牌, 大小均为从 1 到 10, 现从中随机抽取 10 张, 用 X 表示抽出的 10 张中数字相同的个数 (三同个数),

1.4 S 矩阵、R 矩阵、H 矩阵定义及其应用

求 X 的概率分布.

解法一 显然, X 只能取值 $0,1,2,3$, 且

$$P\{X=3\} = C_{10}^3(C_3^3)^3 C_7^1 C_3^1 p \quad (\text{其中}\, p = 1/C_{30}^{10} = 1/30045015)$$

$$= 2520p = 0.000083874$$

$$P\{X=2\} = C_{10}^2[C_8^4(C_3^1)^4 + C_8^2(C_3^2)^2 + C_8^1 C_3^2 C_7^2(C_3^1)]p$$

$$= 470610p = 0.015663496$$

事件 $\{X=1\}$ 表示只有一个三同. 但是其他 7 张牌可以有 0 到 3 个两同, 故

$$P\{X=1\} = C_{10}^1 \left[\sum_{i=0}^{3} C_9^i (C_3^2)^i C_{9-i}^{7-2i}(C_3^1)^{7-2i}\right] p$$

$$= 727320p + 3674160p + 3061800p + 408240p$$

$$= 7931520p = 0.263987886$$

事件 $\{X=0\}$ 表示取出的 10 张牌中没有一个是三同的, 但是可以有两个数字是相同的, 且相同的两个数字可能有 $0,1,2,3,4,5$ 个, 所以

$$P\{X=0\} = \sum_{i=0}^{5} C_{10}^i (C_3^2)^i C_{10-i}^{10-2i}(C_3^1)^{10-2i} p$$

$$= 59049p + 1771470p + 8266860p + 9185400p + 2296350p + 61236p$$

$$= 21640365p = 0.720264694$$

解法二 即 S 矩阵法, 这时应该用矩阵 M_4. 这时设

$$S_i = C_{10}^i C_{30-3i}^{10-3i} p, \quad i=1,2,3, \quad p = 1/30045015$$

即

$$S_1 = C_{10}^1 C_{27}^7 p = 8880300p$$

$$S_2 = C_{10}^2 C_{24}^4 p = 478170p$$

$$S_3 = C_{10}^3 C_{21}^1 p = 2520p$$

由矩阵 M_4, 得

$$\begin{cases} P\{X=0\} = 1 - S_1 + S_2 - S_3 = 21640365p \\ P\{X=1\} = \phantom{1 - {}} S_1 - S_2 + 3S_3 = 7931520p \\ P\{X=2\} = \phantom{1 - S_1 + {}} S_2 - 3S_3 = 470610p \\ P\{X=3\} = \phantom{1 - S_1 + S_2 - {}} S_3 = 2520p \end{cases}$$

应用 1.4.2 (四同问题)   从 52 张扑克牌 (不含大小王) 中随机取 13 张. 如果取出的牌中有四张相同的 (如 $AAAA$), 称为有一个四同. 用 X 表示取出的 13 张牌中四同的个数, 求 X 的概率分布.

解   由于 X 的最大取值为 3, 所以, 这时应该用矩阵 M_4. 设

$$S_i = C_{13}^i C_{52-4i}^{13-4i} p, \quad i = 1, 2, 3 \quad (p = 1/C_{52}^{13})$$

即

$$S_1 = C_{13}^1 C_{48}^9 p = 2.180238632 \times 10^{10} p$$

$$S_2 = C_{13}^2 C_{44}^5 p = 84708624 p$$

$$S_3 = C_{13}^3 C_{40}^1 p = 11440 p$$

故

$$P\{X=0\} = 1 - S_1 + S_2 - S_3 = 6.132958705 \times 10^{11} p = 0.965799645$$

$$P\{X=1\} = S_1 - 2S_2 + 3S_3 = 2.163300339 \times 10^{10} p = 0.034066994$$

$$P\{X=2\} = S_2 - 3S_3 = 84674304 p = 0.000133342$$

$$P\{X=3\} = S_3 = 11440 p = 0.000000018$$

应用 1.4.3 (缺花色问题和缺数字问题)   从 52 张扑克牌 (不含大小王) 中随机抽 13 张.

(1) 用 X 表示抽出的牌中缺少的花色 (如黑桃等) 数;

(2) 用 Y 表示抽出的牌中缺少数字 (如 A, 2, 3 等) 数.

求 X 与 Y 的概率分布.

1.4 S矩阵、R矩阵、H矩阵定义及其应用

解 (1) 因为 X 能取的值为 $0, 1, 2, 3$, 所以应该利用矩阵 M_4 来解. 注意事件 $\{X=0\}$ 表示, 四种花色都不缺; $\{X=1\}$ 表示四种花色缺少一种, 如只没有红桃; $\{X=2\}$ 和 $\{X=3\}$ 意思类似.

设
$$S_i = C_4^i (C_{13}^0)^i C_{52-13i}^{13} p, \quad i=1,2,3, \quad p=1/C_{52}^{13}$$

即
$$S_1 = C_4^1 C_{39}^{13} p = 3.248970178 \times 10^{10} p$$

$$S_2 = C_4^2 C_{26}^{13} p = 62403600 p$$

$$S_3 = C_4^3 C_{13}^{13} p = 4p$$

从而
$$P\{X=0\} = 1 - S_1 + S_2 - S_3 = 6.025862614 \times 10^{11} p = 0.948934479$$
$$P\{X=1\} = S_1 - 2S_2 + 3S_3 = 3.236489459 \times 10^{10} p = 0.050967249$$
$$P\{X=2\} = S_2 - 3S_3 = 62403588 p = 0.000098271$$
$$P\{X=3\} = S_3 = 4p \approx 0$$

(2) 因为 Y 能取的值为 $0,1,2,3,4,5,6,7,8,9$, 所以, 这时应该用矩阵 M_{10} 来解. 注意: 一副扑克牌中有 13 个数字. A, J, Q, K 分别记为 1, 11, 12, 13; 事件 $\{Y=0\}$ 表示取出的 13 张中 13 个数字都有; $\{Y=1\}$ 表示出的 13 张牌中只缺少一个数字 (如没有 2); $\{Y=2\}, \cdots, \{Y=9\}$ 意思类似. 设

$$S_i = C_{13}^i (C_4^0)^i C_{52-4i}^{13} p, \quad i=0,1,2,\cdots,9, \quad p=1/C_{52}^{13}$$

即
$$S_1 = C_{13}^1 C_{48}^{13} p = 2.508067241 \times 10^{12} p$$

$$S_2 = C_{13}^2 C_{44}^{13} p = 4.049411062 \times 10^{12} p$$

$$S_3 = C_{13}^3 C_{40}^{13} p = 3.441501744 \times 10^{12} p$$

$$S_4 = C_{13}^4 C_{36}^{13} p = 1.652214564 \times 10^{12} p$$

$$S_5 = C_{13}^5 C_{32}^{13} p = 4.470698232 \times 10^{11} p$$

$$S_6 = C_{13}^6 C_{28}^{13} p = 6.425074656 \times 10^{10} p$$

$$S_7 = C_{13}^7 C_{24}^{13} p = 428338104 p$$

$$S_8 = C_{13}^8 C_{20}^{13} p = 99768240 p$$

$$S_9 = C_{13}^9 C_{16}^{13} p = 400400 p$$

由矩阵 M_{10} 得

$$P\{X = 9\} = S_9 = 400400 p = 0.00000063$$

$$P\{X = 8\} = S_8 - 9 S_9 = 96164640 p = 0.000151437$$

$$P\{X = 7\} = S_7 - 8 S_8 + 36 S_9 = 3499651584 p = 0.005511144$$

$$P\{X = 6\} = S_6 - 7 S_7 + 28 S_8 - 84 S_9 = 3.702694195 \times 10^{10} p = 0.058308904$$

$$P\{X = 5\} = S_5 - 6 S_6 + 21 S_7 - 56 S_8 + 126 S_9$$
$$= 1.45979818 \times 10^{11} p = 0.229884568$$

$$P\{Y = 4\} = S_4 - 5 S_5 + 15 S_6 - 35 S_7 + 70 S_8 - 126 S_9$$
$$= 2.376415642 \times 10^{11} p = 0.374230692$$

$$P\{Y = 3\} = S_3 - 4 S_4 + 10 S_5 - 20 S_6 + 35 S_7 - 56 S_8 + 84 S_9$$
$$= 1.626918096 \times 10^{11} p = 0.256202103$$

$$P\{Y = 2\} = S_2 - 3 S_3 + 6 S_4 - 10 S_5 + 15 S_6 - 21 S_7 + 28 S_8 - 36 S_9$$
$$= 4.408423154 \times 10^{10} p = 0.069422504$$

$$P\{Y = 1\} = S_1 - 2 S_2 + 3 S_3 - 4 S_4 + 5 S_5 - 6 S_6 + 7 S_7 - 8 S_8 + 9 S_9$$
$$= 3925868544 p = 0.006182338$$

$$P\{Y = 0\} = 1 - S_1 + S_2 - S_3 + S_4 - S_5 + S_6 - S_7 + S_8 - S_9$$
$$= 67108696 p = 0.00010569$$

1.4.2 R 矩阵及其应用

用 S 矩阵解鞋子配对问题要求取出的鞋子只数 r 不超过鞋子的双数 n. 很自

1.4 S 矩阵、R 矩阵、H 矩阵定义及其应用

然, 我们会问: 如果 $r > n$, 矩阵法能不能用? 我们先来看下面的例子.

例 1.4.1 从 8 双不同的鞋子中随机取 9 只, 用 X 表示取出的鞋中配对数. 求 X 的概率分布.

解 因为 X 只能取值 $1, 2, 3, 4$, 且

$$P\{X=i\} = C_8^i (C_2^2)^i C_{8-i}^{9-2i}(C_2^1)^{9-2i}p, \quad i=1,2,3,4, \quad p=1/C_{16}^9 = 1/11440$$

所以, 所要求的分布为

$$\begin{cases} P\{X=1\} = C_8^1 C_7^7 2^7 p = 1024p \\ P\{X=2\} = C_8^2 C_6^5 2^5 p = 5376p \\ P\{X=3\} = C_8^3 C_5^3 2^3 p = 4480p \\ P\{X=4\} = C_8^4 C_8^1 p = 560p \end{cases}$$

如果设

$$S_i = C_8^i (C_2^2)^i C_{16-2i}^{9-2i} p, \quad i=2,3,4, \quad p = 1/C_{16}^9$$

即

$$S_2 = C_8^2 C_{12}^5 p = 22176p$$
$$S_3 = C_8^3 C_{10}^3 p = 6720p$$
$$S_4 = C_8^4 C_8^1 p = 560p$$

易见 $P\{X=4\} = S_4$, 又因

$$S_3 = C_8^3 p C_{10}^3 = C_8^3 p (C_5^1 C_8^1 + C_5^3 2^3) = C_8^3 C_5^1 C_8^1 p + P\{X=3\}$$
$$= 2240p + P\{X=3\} = 4S_4 + P\{X=3\}$$

故 $P\{X=3\} = S_3 - 4S_4$. 又因

$$S_2 = C_8^2 p C_{12}^5 = C_8^2 p (C_6^2 C_8^1 + C_6^1 C_5^3 2^3 + C_6^5 2^5) = C_8^2 C_6^2 C_8^1 p + P\{X=2\} + C_8^2 C_6^1 C_5^3 2^3 p$$

$$= 3360p + P\{X=2\} + 13440p$$

即

$$P\{X=2\} = S_2 - 3360p - 13440p = S_2 - 3S_3 + 6S_4$$

又因
$$P\{X=1\} = 1 - P\{X=2\} - P\{X=3\} - P\{X=4\}$$
$$= 1 - S_2 + 2S_3 - 3S_4$$

从而得
$$\begin{cases} P\{X=1\} = 1 - S_2 + 2S_3 - 3S_4 \\ P\{X=2\} = \ S_2 - 3S_3 + 6S_4 \\ P\{X=3\} = \ S_3 - 4S_4 \\ P\{X=4\} = \ S_4 \end{cases}$$

于是得 4×4 矩阵

$$R_4 = \begin{bmatrix} 1 & -1 & 2 & -3 \\ 0 & 1 & -3 & 6 \\ 0 & 0 & 1 & -4 \\ 0 & 0 & 0 & 1 \end{bmatrix} \tag{1.4.3}$$

称此新矩阵为 4×4 R 矩阵.

由 R_4 知:

(i) 第一行正负符号交错且从第二个元素起各元素绝对值逐个多 1;

(ii) 各列和各行元素 (除对角线下 0 外) 正负符号交错且各列 (除第一列外) 元素之和为 0, 对角线上各元素均为 1;

(iii) 设 $x_{i,j}$ 为第 i 行第 j 列元素绝对值.

则有
$$x_{2,j} + x_{1,j+1} = x_{2,j+1}, \quad j = 1, 2, 3, \cdots \tag{1.4.4}$$

由此式和 (ii) 可得第二行的各个元素. 以下各行元素满足:

$$x_{i,j} + x_{i+1,j} = x_{i+1,j+1}, \quad i, j = 2, 3, \cdots \tag{1.4.5}$$

根据 R 矩阵的这三个性质, 可以很容易写出各阶 R 矩阵. 例如,

$$R_5 = \begin{bmatrix} 1 & -1 & 2 & -3 & 4 \\ 0 & 1 & -3 & 6 & -10 \\ 0 & 0 & 1 & -4 & 10 \\ 0 & 0 & 0 & 1 & -5 \\ 0 & 0 & 0 & 0 & 1 \end{bmatrix}, \quad R_6 = \begin{bmatrix} 1 & -1 & 2 & -3 & 4 & -5 \\ 0 & 1 & -3 & 6 & -10 & 15 \\ 0 & 0 & 1 & -4 & 10 & -20 \\ 0 & 0 & 0 & 1 & -5 & 15 \\ 0 & 0 & 0 & 0 & 1 & -6 \\ 0 & 0 & 0 & 0 & 0 & 1 \end{bmatrix}$$
(1.4.6)

上述的 R_5 与 R_6 是否正确？现在先来看下面的例子.

例 1.4.2 从 9 双不同的鞋中随机取 10 只, 用 X 表示取出的鞋中配对数, 求 X 的概率分布.

解 因为 X 能取的值为 $1,2,3,4,5$, 易得 X 的概率分布:

$$\begin{cases} P\{X=1\} = C_9^1 C_8^8 2^8 p = 2304p, \quad p = 1/C_{18}^{10} = 1/43758 \\ P\{X=2\} = C_9^2 C_7^6 2^6 p = 16128p \\ P\{X=3\} = C_9^3 C_6^4 2^4 p = 20160p \\ P\{X=4\} = C_9^4 C_5^2 2^2 p = 5040p \\ P\{X=5\} = C_9^5 p = 126p \end{cases}$$

令

$$S_i = C_9^i C_{18-2i}^{10-2i} p, \quad i = 2,3,4,5$$

即

$$S_2 = C_9^2 C_{14}^6 p = 108108p$$

$$S_3 = C_9^3 C_{12}^4 p = 41580p$$

$$S_4 = C_9^4 C_{10}^2 p = 5670p$$

$$S_5 = C_9^5 p = 126p$$

由 R_5 得

$$\begin{cases} P\{X=1\} = 1 - S_2 + 2S_3 - 3S_4 + 4S_5 = 2304p \\ P\{X=2\} = S_2 - 3S_3 + 6S_4 - 10S_5 = 16128p \\ P\{X=3\} = S_3 - 4S_4 + 10S_5 = 20160p \\ P\{X=4\} = S_4 - 5S_5 = 5040p \\ P\{X=5\} = S_5 = 126p \end{cases}$$

两种解法结果相同. 说明可以用 R_5 来解, 即可以用 R 矩阵解.

例 1.4.3 有黑桃、红桃、方块各 5 张牌, 编号均为 1 到 5. 现从中随机取 11 张, 用 X 表示取出的牌中三同数, 求 X 的概率分布.

解 先用通常方法解, 然后用 R 矩阵法解. 因为 X 能取的值为 $1,2,3$, 且

$$\begin{cases} P\{X=1\} = C_5^1 C_3^3 (C_3^2)^4 p = 405p, \quad p = 11/C_{15}^{11} = 1/1365 \\ P\{X=2\} = C_5^2 (C_3^3)^2 C_3^1 C_3^1 C_3^2 C_3^2 p = 810p \\ P\{X=3\} = C_5^3 (C_3^3)^3 (C_3^1 C_3^1 + C_2^1 C_3^2) p = 150p \end{cases}$$

设

$$S_i = C_5^i (C_3^3)^i C_{15-3i}^{11-3i} p, \quad i = 2, 3$$

即

$$S_2 = C_5^2 C_9^5 p = 1260p, \quad S_3 = C_5^3 C_6^2 p = 150p$$

由 R_3 得

$$\begin{cases} P\{X=1\} = 1 - S_2 + 2S_3 = 405p \\ P\{X=2\} = S_2 - 3S_3 = 810p \\ P\{X=3\} = S_3 = 150p \end{cases}$$

此示两种方法结果一样.

作为 R 矩阵的应用, 现来看下面的例子.

例 1.4.4 从黑桃、红桃、方块、梅花各 8 张 (编号为从 1 到 8) 的 32 张牌中随机取:

(1) 25 张, 用 X 表示取出的牌中四同数;

1.4 S 矩阵、R 矩阵、H 矩阵定义及其应用

(2) 7 张, 用 Y 表示取出的牌中缺号数.

分别求 X, Y 的概率分布.

解 (1) 由于 $25 > (4-1) \times 8$, 即 $P\{X=0\} = 0$, 所以, 要用 R 矩阵法来解. 又因 $[25/4] = 6$, 故 X 能取的值为 $1, 2, 3, 4, 5, 6$, 且要用矩阵 R_6 来解. 设

$$S_i = C_8^i (C_4^4)^i C_{32-4i}^{25-4i} p, \quad i = 2, 3, 4, 5, 6, \quad p = 1/C_{32}^{25} = 1/13365856$$

即

$$S_2 = C_8^2 C_{24}^{17} p = 9690912p, \quad S_3 = C_8^3 C_{20}^{13} p = 4341120p$$
$$S_4 = C_8^4 C_{16}^9 p = 800800p, \quad S_5 = C_8^5 C_{12}^5 p = 44352p$$
$$S_6 = C_8^6 C_8^1 p = 224p$$

由 R_6 得

$$\begin{cases} P\{X=1\} = 1 - S_2 + 2S_3 - 3S_4 + 4S_5 - 5S_6 = 131072p \\ P\{X=2\} = S_2 - 3S_3 + 6S_4 - 10S_5 + 15S_6 = 1032192p \\ P\{X=3\} = S_3 - 4S_4 + 10S_5 - 20S_6 = 1576960p \\ P\{X=4\} = S_4 - 5S_5 + 15S_6 = 582400p \\ P\{X=5\} = S_5 - 6S_6 = 43008p \\ P\{X=6\} = S_6 = 224p \end{cases}$$

(2) 因为 $P\{Y=0\} = 0$, 且 $7/4$ 不是整数, 所以 Y 最大取值为 $8 - [7/4] - 1 = 6$, 从而要用 R 矩阵 R_6 来解. 设

$$S_i = C_8^i (C_4^0)^i C_{32-4i}^7 p, \quad i = 2, 3, 4, 5, 6, \quad p = 1/C_{32}^7 = 1/3365856$$

即

$$S_2 = C_8^2 C_{24}^7 p = 9690912p$$
$$S_3 = C_8^3 C_{20}^7 p = 4341120p$$
$$S_4 = C_8^4 C_{16}^7 p = 800800p$$
$$S_5 = C_8^5 C_{12}^7 p = 44352p$$
$$S_6 = C_8^6 C_8^7 p = 224p$$

由 R_6 得

$$\begin{cases} P\{Y=1\} = 1 - S_2 + 2S_3 - 3S_4 + 4S_5 - 5S_6 = 131072p \\ P\{Y=2\} = S_2 - 3S_3 + 6S_4 - 10S_5 + 15S_6 = 1032192p \\ P\{Y=3\} = S_3 - 4S_4 + 10S_5 - 20S_6 = 1576960p \\ P\{Y=4\} = S_4 - 5S_5 + 15S_6 = 582400p \\ P\{Y=5\} = S_5 - 6S_6 = 43008p \\ P\{Y=6\} = S_6 = 224p \end{cases}$$

非常有趣, X 和 Y 同分布.

1.4.3 H 矩阵及其应用

如果在例 1.4.4 的 (2) 中不是取 7 张牌, 而取 6 张牌, Y 的概率分布又怎样呢? 这时, $P\{Y=0\} = P\{Y=1\} = 0$. 因此, Y 能取的值为 $2,3,4,5,6$. 这时, 关于 Y 的概率分布能不能用矩阵法来求? 如果能, 这时的矩阵将会是什么样的形式?

我们先来比较 M_5 与 R_4 以了解 R_4 的第一行各元素是如何来的.

$$M_5 = \begin{bmatrix} 1 & -1 & 1 & -1 & 1 \\ 0 & 1 & -2 & 3 & -4 \\ 0 & 0 & 1 & -3 & 6 \\ 0 & 0 & 0 & 1 & -4 \\ 0 & 0 & 0 & 0 & 1 \end{bmatrix}, \quad R_4 = \begin{bmatrix} 1 & -1 & 2 & -3 \\ 0 & 1 & -3 & 6 \\ 0 & 0 & 1 & -4 \\ 0 & 0 & 0 & 1 \end{bmatrix}$$

R_4 中第一行的第一个元素应该是 1. 第二个元素 -1 实际上是 M_5 中第二行第一个元素与第一行第二个元素之和, 即 $0 + (-1) = -1$. R_4 中第一行第三个元素 2 是 M_5 中第二行第二个元素与第一行第三个元素之和, 即 $1+1=2$. R_4 中第一行第四个元素 -3 是 M_5 中第二行第三个元素与第一行第四个元素之和, 即 $-2+(-1) = -3$. 有了 R_4 中第一行各元素, 其他各行元素就可以由 R 矩阵的性质来求.

仿 R 矩阵第一行各元素的求法, Y 分布的新矩阵 (应该是 5×5 右上三角矩阵) 的第一行各元素可由 R_6 来求. 由 (1.4.6) 式中的 R_6 知. 新矩阵 (记为 H_5) 的第一行各元素应该是 $(1 \quad -1 \quad 3 \quad -6 \quad 10)$, 第二行各元素可用 (1.4.5) 式和各行正负

1.4 S 矩阵、R 矩阵、H 矩阵定义及其应用

符号交错来求, 易知它为 (0 1 −4 10 −20). 后面各行元素可由 (1.4.6) 式求. 于是得 H_5:

$$H_5 = \begin{bmatrix} 1 & -1 & 3 & -6 & 10 \\ 0 & 1 & -4 & 10 & -20 \\ 0 & 0 & 1 & -5 & 15 \\ 0 & 0 & 0 & 1 & -6 \\ 0 & 0 & 0 & 0 & 1 \end{bmatrix} \quad (1.4.7)$$

我们称 H_5 为 5×5 H 矩阵. 现在, 可以利用 H_5 求 Y 的概率分布.

设

$$S_i = C_8^i (C_4^0)^i C_{32-4i}^6 p, \quad i = 3, 4, 5, 6, \quad p = 1/C_{32}^6 = 1/906192$$

即

$$S_3 = C_8^3 C_{20}^6 p = 2170560p, \quad S_4 = C_8^4 C_{16}^6 p = 560560p$$

$$S_5 = C_8^5 C_{12}^6 p = 51744p, \quad S_6 = C_8^6 C_8^6 p = 784p$$

从而 Y 的概率分布为

$$\begin{cases} P\{Y = 2\} = 1 - S_3 + 3S_4 - 6S_5 + 10S_6 = 114688p \\ P\{Y = 3\} = S_3 - 4S_4 + 10S_5 - 20S_6 = 430080p \\ P\{Y = 4\} = S_4 - 5S_5 + 15S_6 = 313600p \\ P\{Y = 5\} = S_5 - 6S_6 = 47040p \\ P\{Y = 6\} = S_6 = 784p \end{cases}$$

Y 的概率分布也可以直接计算, 只不过复杂得多.

$$\begin{cases} P\{Y = 2\} = pC_8^2(C_4^1)^6 = 114688p \text{ (因只有一种可能: 111111)} \\ P\{Y = 3\} = pC_8^3 C_5^1 C_4^2 (C_4^1)^4 = 430080p \text{ (因只有一种可能: 21111)} \\ P\{Y = 4\} = pC_8^4 [C_4^2(C_4^2)^2(C_4^1)^2 + C_4^1 C_4^3 4^3] = 313600p \\ \qquad \text{(因有两种可能: 2211 与 3111)} \\ P\{Y = 5\} = pC_8^5[(C_4^2)^3 + C_3^1 4^2 + C_3^1 C_4^3 C_2^1 C_4^2 C_4^1] = 47040p \\ \qquad \text{(因有三种可能: 222, 411 与 321)} \\ P\{Y = 6\} = pC_8^6(C_4^3 C_4^3 + C_2^1 C_4^2) = 784p \text{ (因有两种可能: 33 与 42)} \end{cases}$$

如果在 (2) 中取出的牌少于 6 张, 用类似的方法可求 Y 的概率分布. 读者如有兴趣, 可以自己去计算. 如果在 (2) 中取出的 r 张牌满足: $8 \leqslant r \leqslant 4 \times (8-1) = 28$, 这时 Y 的分布应该用矩阵法计算. 直接计算是很困难的. 从而我们彻底解决了三同、四同、五同等中的概率分布计算问题.

1.5 不同比赛规则获胜的概率计算公式 [1]

例 1.5.1 假设甲、乙进行某项比赛, 每局比赛甲胜的概率为 p, 乙胜的概率为 $q\,(q = 1-p)$, 且各局比赛相互独立, 求在下列比赛规则下甲获胜的概率:

(1) $2n+1$ 局 $n+1$ 胜制;

(2) 谁先胜 n 局谁获胜;

(3) 甲在乙胜 m 局之前先胜 n 局甲获胜, 乙在甲胜 n 局之前先胜 m 局乙获胜;

(4) 谁比对方多胜 2 局谁获胜;

(5) 谁比对方多胜 n 局谁获胜;

(6) 甲比乙多胜 n 局甲获胜, 乙比甲多胜 m 局乙获胜;

(7) 谁先胜 n 局谁获胜, 但是如果出现 $n-1$ 比 $n-1$, 则这以后谁比对方多胜 m 局谁获胜;

(8) 谁先胜 n 局谁获胜, 但是如果出现 $n-1$ 比 $n-1$, 则比赛重新开始.

解 由分赌注问题知, 在 $2n$ 次失败之前获得 n 次成功的概率为

$$P(n,m) = \sum_{k=n}^{n+m-1} C_{n+m-1}^{k} p^{k}(1-p)^{n+m-1-k} \tag{1.5.1}$$

$$= \sum_{k=n}^{n+m-1} p^{n} C_{k-1}^{n-1}(1-p)^{k-n} \tag{1.5.2}$$

其中 p 为在重复独立试验中每次试验成功的概率.

显然 (3) 就是分赌注问题, 即甲获胜的概率由 (1.5.1) 式或 (1.5.2) 式给出.

又显然 (1) 是 (3) 当 n, m 均为 $n+1$ 时的特例, (2) 是 (3) 当 n, m 均为 n 时的特例.

1.5 不同比赛规则获胜的概率计算公式

(4) 显然无论谁获胜比赛都必须进行偶数局, 设

$$B = \text{"甲获胜"}$$
$$A_i = \text{"在前两局比赛中甲恰好胜 } i \text{ 局"}, \quad i = 0, 1, 2$$

由全概率公式, 并注意到 $P(B|A_1) = P(B), P(A_i) = C_2^i p^i q^{2-i}$, 得

$$\begin{aligned} P(B) &= \sum_{i=0}^{2} P(A_i) P(B|A_i) \\ &= 0 + C_2^1 pq P(B) + C_2^2 p^2 \times 1 \\ &= 2pq P(B) + p^2 \end{aligned}$$

故

$$P(B) = \frac{p^2}{1 - 2pq}$$

(4) 的另一解法: 设 $A_n =$ "在第 n 次比赛后甲获胜", 则 n 为偶数, 且甲在第 $n-1$ 局与第 n 局中都胜. 而在前 $n-2$ 局中甲只胜 $\dfrac{n-2}{2}$ 局, 且因为

$$P(A_2) = p^2, \quad P(A_4) = 2pqp^2 = 2p^3 q \, (q = 1 - p)$$
$$P(A_6) = p^2 2pq^2$$

一般地, $P(A_{2m}) = p^2 (2pq)^{m-1}, m = 1, 2, \cdots$, 且诸 A_{2m} 互斥, 故所求概率为

$$P\left(\sum_{m=1}^{\infty} A_{2m}\right) = \sum_{m=1}^{\infty} P(A_{2m}) = p^2 / (1 - 2pq)$$

(5) 现用差分方程来解, 设 $p \neq q$, 并设 $P(j)$ 为甲已比乙多胜 $n - j$ 局情况下甲获胜的概率, $j = 0, 1, 2, \cdots, 2n$, 显然 $P(0) = 1, P(2n) = 0$, 且所求概率就是 $P(n)$, 由全概率公式得二阶差分方程

$$P(j) = pP(j - 1) + qP(j + 1), \quad q = 1 - p \tag{1.5.3}$$

由此得

$$P(j + 1) - P(j) = \frac{p}{q}[P(j) - P(j - 1)]$$

递推得
$$P(j+1) - P(j) = \left(\frac{p}{q}\right)^j [P(1) - P(0)] = C\left(\frac{p}{q}\right)^j$$

其中 C 为 $P(1) - P(0)$，从而

$$P(j) = C\left(\frac{p}{q}\right)^{j-1} + P(j-1) \quad (\text{递推})$$
$$= C\left[\left(\frac{p}{q}\right)^{j-1} + \left(\frac{p}{q}\right)^{j-2} + \cdots + \frac{p}{q} + 1\right] + P(0)$$
$$= 1 + C\left(\frac{1 - (p/q)^j}{1 - (p/q)}\right)$$

又因

$$-1 = P(2n) - P(0) = \sum_{j=1}^{2n} [P(j) - P(j-1)]$$
$$= \sum_{j=1}^{2n} C\left(\frac{p}{q}\right)^{j-1} = C\frac{1 - (p/q) 2n}{1 - (p/q)}$$

所以

$$C = -\frac{1 - (p/q)}{1 - (p/q) 2n}$$

从而

$$P(j) = 1 - \frac{1 - (p/q)}{1 - (p/q)^{2n}} \cdot \frac{1 - (p/q)^j}{1 - (p/q)}$$
$$= \frac{(p/q)^j - (p/q)^{2n}}{1 - (p/q)^{2n}}$$

当 $p = q$ 时，易证 $P(j) = 1 - \dfrac{j}{2n}$，故

$$P(j) = \begin{cases} \dfrac{(p/q)^j - (p/q)^{2n}}{1 - (p/q)^{2n}}, & p \neq q \\ 1 - \dfrac{j}{2n}, & p = q \end{cases} \tag{1.5.4}$$

从而

$$P(n) = \begin{cases} \dfrac{p^n}{q^n + p^n}, & p \neq q \\ \dfrac{1}{2}, & p = q \end{cases} \tag{1.5.5}$$

1.5 不同比赛规则获胜的概率计算公式

差分方程 (1.5.3) 的另一解法: 设 $P(j) = \lambda^j$ (λ 为待定常数), 则由 (1.5.3) 式得代数方程

$$\lambda = p + q\lambda^2 \tag{1.5.6}$$

当 $p \neq q$ 时, 得 (1.5.6) 式的两个解 $\lambda_1 = 1, \lambda_2 = p/q$, 故得 $P(j)$ 的两个特解 1 与 $(p/q)^j$, 从而 $P(j)$ 的通解为 $P(j) = C_1 + C_2(p/q)^j$, 再由边界条件 $P(0) = 1$ 与 $P(2n) = 0$ 可得 $C_1 = (p/q)^{2n}/\left[(p/q)^{2n} - 1\right], C_2 = 1/\left[1 - (p/q)^{2n}\right]$, 从而得

$$P(j) = \frac{(p/q)^j - (p/q)^{2n}}{1 - (p/q)^{2n}} \tag{1.5.7}$$

当 $p = q$ 时, 由方程 (1.5.6) 可解得 $\lambda_1 = \lambda_2 = 1$, 从而得 $P(j)$ 的通解为 $P(j) = C_1 + C_2 j$. 再由边界条件可解得 $C_1 = 1, C_2 = \dfrac{-1}{2n}$, 故得

$$P(j) = 1 - \frac{j}{2n} \tag{1.5.8}$$

由 (1.5.7) 式与 (1.5.8) 式得 (1.5.4) 式.

(6) 当 $p \neq q$ 时, 利用解 (5) 的类似方法得

$$P(n) = \frac{p^n(q^m - p^m)}{q^{n+m} - p^{n+m}}$$

当 $p = q$ 时, $P(n) = 1 - \dfrac{n}{n+m} = \dfrac{m}{n+m}$.

在解上题中, 只需注意这时边界条件为 $P(0) = 1, P(n+m) = 0$.

显然 (4) 是 (5) 当 $n = 2$ 时的特例, 而 (5) 又是 (6) 当 $n = m$ 时的特例.

(7) 甲可能在出现 $n-1$ 比 $n-1$ 之前获胜, 也可能在出现 $n-1$ 比 $n-1$ 之后获胜, 设这两个事件分别为 A 与 B, 显然 $AB = \varnothing$, 且甲获胜的概率为 $P(A+B) = P(A) + P(B)$, 由 (1.5.2) 式得

$$P(A) = p^n \sum_{k=1}^{2n-2} \mathrm{C}_{k-1}^{n-1} q^{k-n}$$

又因

$$P(B) = \mathrm{C}_{2n-2}^{n-1} q^{n-1} p^{n-1} \frac{p^m}{q^m + p^m}$$

故
$$P(A+B) = p^n \sum_{k=1}^{2n-2} \mathrm{C}_{k-1}^{n-1} q^{k-n} + \mathrm{C}_{2n-2}^{n-1} p^{n+m+1} p^{n-1}/(q^m + p^m)$$

当 $m=1$ 时 (7) 变为 (2).

(8) 设

$$A = \text{"甲在出现 } n-1 \text{ 比 } n-1 \text{ 之前获胜"}$$
$$B = \text{"甲在出现 } n-1 \text{ 比 } n-1 \text{ 之后获胜"}$$

则甲获胜概率为 $P(A+B) = P(A) + P(B)$, 设

$$a = P(A) = p^n \sum_{k=n}^{2n-2} \mathrm{C}_{k-1}^{n-1} q^{k-n}, \quad b = \mathrm{C}_{2n-2}^{n-1} p^{n-1} q^{n-1}$$

则

$$P(A+B) = a + ba + b^2 a + b^3 a + \cdots = \frac{a}{1-b}$$

(8) 的另一解法: 设 $D = $ "甲获胜", $A = $ "在前 $k\,(n \leqslant k \leqslant 2n-2)$ 局甲胜 n 局", $B = $ "出现 $n-1$ 比 $n-1$", $C = $ "在前 $k\,(n \leqslant k \leqslant 2n-2)$ 局乙胜 n 局", 显然 $P(A) = a, P(B) = b$, 由全概率公式得

$$P(D) = P(A)P(D|A) + P(B)P(D|B) + P(C)P(D|C)$$
$$= P(A) + bP(D) + P(C) \times 0 = a + bP(D)$$

所以

$$P(D) = \frac{a}{1-b}$$

1.6 逐个纸上作业法 [5]

掷 n 颗骰子, 求 n 颗骰子出现点数和频数分布.

设 X_i 为第 i 颗骰子的点数, $\sum_{i=1}^{n} X_i$ 为 n 颗骰子的点数和. 求 $\sum_{i=1}^{n} X_i$ 的频数分布, 可先求前两颗骰子和频数分布, 再求前三颗骰子和频数分布, 由此类推. 最后, 由前 $n-1$ 颗骰子和频数分布, 求 $\sum_{i=1}^{n} X_i$ 的频数分布. 当 n 为偶数时, $\sum_{i=1}^{n} X_i$

的频数分布的第 $[(5n+1)/2]+1$ 项为中心项, 当 n 为奇数时, 该频数分布无中心项, 第 $(5n+1)/2$ 项为半数项. 因此计算 $\sum\limits_{i=1}^{n} X_i$ 的频数分布时, 只需要计算到第 $[(5n+1)/2]+2$ 项, 其余部分由对称性立得. 设 $\bar{p}_{i,j}$ 为掷 i 颗骰子出现点数和的第 j 项频数, 即 $\bar{p}_{i,j}$ 为 $\sum\limits_{k=1}^{i} X_k = j+i-1$ 的频数. 则易得下式 ($2 \leqslant i \leqslant n$):

$$\bar{p}_{i,j} = \begin{cases} \sum\limits_{k=1}^{j} \bar{p}_{i-1,k}, & 1 \leqslant j \leqslant 6 \\ \bar{p}_{i,j-1} + \bar{p}_{i-1,j} - \bar{p}_{i-1,j-6}, & 7 \leqslant j \leqslant \left[\dfrac{5i+1}{2}\right]+2 \end{cases} \quad (1.6.1)$$

把 (1.6.1) 式中的 6 换成 m, 则得

$$\bar{p}_{i,j} = \begin{cases} \sum\limits_{k=1}^{j} \bar{p}_{i-1,k}, & 1 \leqslant j \leqslant m \\ \bar{p}_{i,j-1} + \bar{p}_{i-1,j} - \bar{p}_{i-1,j-m}, & m+1 \leqslant j \leqslant \left[\dfrac{(m-1)i+1}{2}\right]+2, \\ & 2 \leqslant i \leqslant n \end{cases} \quad (1.6.2)$$

由 (1.6.1) 式, 当 $n=7$ 时, 可得表 1.6.1. 表 1.6.1 最后两行是掷 7 颗骰子出现点数和频数分布.

我们称 (1.6.1) 式和 (1.6.2) 式或表 1.6.1 为逐个纸上作业法. 此法最大特点是快, 能大大节约工作量, 且有很多应用.

应用 1.6.1 设 $\xi \sim B(6,p)$, η 为参数 $N=5$ 的离散均匀分布. 即

$$P\{\xi = k\} = C_6^k p^k q^{6-k}, \quad k = 0, 1, \cdots, 6, \quad P\{\eta = k\} = \frac{1}{5}, \quad k = 1, 2, \cdots, 5$$

且 ξ 与 η 相互独立, 求 $\xi + \eta$ 的概率 (频率) 分布.

解 设 $p_k = C_6^k p^k q^{6-k}, k = 0, 1, \cdots, 6$. 因为 ξ 与 η 独立, 所以

$$P\{\xi = i, \eta = k\} = p_k/5, \quad i = 1, 2, \cdots, 5, \quad k = 0, 1, \cdots, 6$$

表 1.6.1

X_1	1	2	3	4	5	6																									
$\bar{p}$	1	1	1	1	1	1																									
$\sum_{i=1}^{2}X_i$		2	3	4	5	6	7	8	9	10	11	12																				
$\bar{p}$		1	2	3	4	**5**	**6**	**5**	4	3	2	1																				
$\sum_{i=1}^{3}X_i$			3	4	5	6	7	8	9	10	11	12	13	14	15	16	17	18														
$\bar{p}$			1	3	6	10	15	21	25	**27**	**27**	25	21	15	10	6	3	1														
$\sum_{i=1}^{4}X_i$				4	5	6	7	8	9	10	11	12	13	14	15	16	17	18	19	20	...	24										
$\bar{p}$				1	4	10	20	35	56	80	104	125	**140**	**146**	**140**	125	104	80	56	35	...	1										
$\sum_{i=1}^{5}X_i$					5	6	7	8	9	10	11	12	13	14	15	16	17	18	19	20	21	22	...	30								
$\bar{p}$					1	5	15	35	70	126	205	305	420	540	651	735	**780**	**780**	735	651	540	420	...	1								
$\sum_{i=1}^{6}X_i$						6	7	8	9	10	11	12	13	14	15	16	17	18	19	20	21	22	23	24	25	36						
$\bar{p}$						1	6	21	56	126	252	456	756	1161	1666	2247	2856	3431	3906	**4221**	**4332**	**4221**	3906	3431	...	1							
$\sum_{i=1}^{7}X_i$							7	8	9	10	11	12	13	14	15	16	17	18	19	20	21	22	23	24	25	42
$\bar{p}$							1	7	28	84	210	462	917	1667	2807	4417	6538	9142	12117	15267	18327	22967	**24017**	**24017**	...	1

1.6 逐个纸上作业法

设 $g_j = \sum_{i=0}^{j} p_i$, 从而得表 1.6.2.

表 1.6.2

ξ	0	1	2	3	4	5	6	7	8	9	10
P	p_0	p_1	p_2	p_3	p_4	p_5	p_6	0	0	0	0
$\xi+\eta$	1	2	3	4	5	6	7	8	9	10	11
P	$\dfrac{g_0}{5}$	$\dfrac{g_1}{5}$	$\dfrac{g_2}{5}$	$\dfrac{g_3}{5}$	$\dfrac{g_4}{5}$	$\dfrac{g_5-g_0}{5}$	$\dfrac{g_6-g_0-g_1}{5}$	$\dfrac{1}{5}\sum_{k=3}^{6}p_k$	$\dfrac{1}{5}\sum_{k=4}^{6}p_k$	$\dfrac{p_5+p_6}{5}$	$\dfrac{p_6}{5}$

由表 1.6.2 知, $\xi + \eta = n$ 的概率为 $\dfrac{1}{5}(p_{n-1} + p_{n-2} + p_{n-3} + p_{n-4} + p_{n-5})$, $n = 1, 2, \cdots, 11$. 故, 当 $n \leqslant 5$ 时, $P\{\xi + \eta = n\} = \dfrac{1}{5}\sum_{k=0}^{n-1} p_k$, 当 $n > 5$ 时, $P\{\xi + \eta = n\} = \dfrac{1}{5}\sum_{k=n-5}^{n-1} p_k$.

(注意: n 只能取 $1, 2, \cdots, 11$ 十一个值, 且当 $k > 6$ 时, $p_k = 0$, 当 $k < 0$ 时, $p_k = 0$.) 从而得

$$P\{\xi + \eta = n\} = \begin{cases} \dfrac{1}{5}\sum_{k=0}^{n-1} p_k, & 1 \leqslant n \leqslant 5 \\ \dfrac{1}{5}\sum_{k=n-5}^{n-1} p_k, & 5 < n \leqslant 11 \end{cases}$$

应用 1.6.2 设 $\xi \sim p(\lambda)$, η 为参数 $N = 6$ 的离散均匀分布, 且 ξ 与 η 独立. 求 $\xi + \eta$ 的概率分布.

解 $\xi + \eta$ 能取的值为 $1, 2, 3, \cdots$. 当设 $P_k = P\{\xi = k\} = e^{-\lambda}\dfrac{\lambda^k}{k!}, k = 0, 1, 2, \cdots$ 时, 则有 (因为当 $k < 0$ 时, $p_k = 0$)

$$P\{\xi + \eta = n\} = \dfrac{1}{6}(p_{n-1} + p_{n-2} + p_{n-3} + p_{n-4} + p_{n-5} + p_{n-6}), \quad n = 1, 2, \cdots$$

从而得

$$P\{\xi + \eta = n\} = \begin{cases} \dfrac{1}{6}\sum_{k=0}^{n-1} p_k, & 1 \leqslant n \leqslant 6 \\ \dfrac{1}{6}\sum_{k=n-6}^{n-1} p_k, & n > 6 \end{cases}$$

应用 1.6.3 设 η 为参数 $N = 6$ 的均匀分布, $p_k = P\{\xi = k\} = \mathrm{e}^{-\lambda}\dfrac{\lambda^k}{k!}, k = 0, 1, 2, \cdots$, 且 ξ 与 η 独立. 求 $\xi - \eta$ 的概率分布.

解 因为 $N = 6$, 由 (1.6.2) 式, 得

$$P\{\xi - \eta = n\} = \frac{1}{6}(p_{n+6} + p_{n+5} + p_{n+4} + p_{n+3} + p_{n+2} + p_{n+1})$$
$$n = -6, -5, \cdots, -1, 0, 1, 2, \cdots$$

即

$$P\{\xi - \eta = n\} = \begin{cases} \dfrac{1}{6}\sum_{k=0}^{n+6} p_k, & -6 \leqslant n \leqslant -1 \\ \dfrac{1}{6}\sum_{k=n}^{n+5} p_k, & 0 \leqslant n \end{cases}$$

一般地, 如果 ξ 为离散型随机变量, η 为参数 $N = m$ 的离散均匀分布, 且 ξ 与 η 独立, p_k 为 ξ 取第 k 个值的概率, $k = 1, 2, 3, \cdots$ (或 k 为有限数), 则

$$p\{\xi - \eta = n\} = \begin{cases} \dfrac{1}{m}\sum_{k=1}^{n+m} p_k, & 1 - m \leqslant n \leqslant -1 \\ \dfrac{1}{m}\sum_{k=n+1}^{n+m} p_k, & 0 \leqslant n \end{cases} \tag{1.6.3}$$

如果 $k = 0, 1, 2, 3, \cdots$ (或 k 为有限数) 则

$$p\{\xi - \eta = n\} = \begin{cases} \dfrac{1}{m}\sum_{k=0}^{n+m} p_k, & -m \leqslant n \leqslant -1 \\ \dfrac{1}{m}\sum_{k=n}^{n+m-1} p_k, & 0 \leqslant n \end{cases} \tag{1.6.4}$$

应用 1.6.4 从 10 个数字 $1, 2, 3, 4, 5, 6, 7, 8, 9, 10$ 中有放回地取 7 个数字, 求总和为 20 的概率.

解 设 $\eta_j = \sum_{i=1}^{j} \xi_i, j = 1, 2, 3, \cdots, 7$, ξ_i 为第 i 次取出的数字, 则由逐个纸上作业法 (这时 $m = 10$), 得表 1.6.3.

1.6 逐个纸上作业法

表 1.6.3

η_1	1	2	3	4	5	6	7	8	9	10	11	12	13	14	⋯
$\bar{p}$	1	1	1	1	1	1	1	1	1	1	0	0	0	0	⋯
η_2	2	3	4	5	6	7	8	9	10	11	12	13	14	15	⋯
$\bar{p}$	1	2	3	4	5	6	7	8	9	10	9	8	7	6	⋯
η_3	3	4	5	6	7	8	9	10	11	12	13	14	15	16	⋯
$\bar{p}$	1	3	6	10	15	21	28	36	45	55	63	69	73	75	⋯
η_4	4	5	6	7	8	9	10	11	12	13	14	15	16	17	⋯
$\bar{p}$	1	4	10	20	35	56	84	120	165	220	282	348	415	480	⋯
η_5	5	6	7	8	9	10	11	12	13	14	15	16	17	18	⋯
$\bar{p}$	1	5	15	35	70	126	210	330	495	715	996	1340	1745	2205	⋯
η_6	6	7	8	9	10	11	12	13	14	15	16	17	18	19	⋯
$\bar{p}$	1	6	21	56	126	252	462	792	1287	2002	2997	4332	6062	8232	⋯
η_7	7	8	9	10	11	12	13	14	15	16	17	18	19	20	⋯
$\bar{p}$	1	7	28	84	210	462	924	1716	3003	5005	8001	12327	18368	26544	⋯

由于只需求 $\eta_7 = 20$ 的概率, 故表 1.6.3 省略了一些项. 由表 1.6.3 最后两行得知, $\eta_7 = 20$ 的频数为 26544, 从而得

$$P\{\eta = 20\} = 26544/10^7$$

由表 1.6.3 还可以得到 $P\{\eta = 19\} = 18368/10^7, P\{\eta = 16\} = 5005/10^7$ 等.

由对称性, 还可以得

$$P\{\eta = 60\} = P\{\eta = 17\} = 8001/10^7, \quad P\{\eta = 65\} = P\{\eta = 12\} = 462/10^7, \cdots$$

如取出的不是 7 个, 而是 6 个 (或小于 7 的数) 数, 则取出的 6 个数之和等于 19 的概率为 $8232/10^6$, 即 $P\{\eta_6 = 19\} = 8332/10^6$. 类似地

$$P\{\eta_6 = 18\} = 6062/10^6, \cdots, P\{\eta_5 = 15\}$$
$$= 996/10^5, \cdots, P\{\eta_4 = 16\} = 415/10^4, \cdots$$

在应用 1.6.1 中, X 与 Y 如上所设, 现求 $X - Y$ 的分布. 有

X	0	1	2	3	4	5	6
P	q^6	$C_6^1 pq^5$	$C_6^2 p^2 q^4$	$C_6^3 p^3 q^3$	$C_6^4 p^4 q^2$	$C_6^5 p^5 q$	p^6

$X-Y$	-7	-6	-5	-4	-3	-2	-1	0	1	2	3	4	6
P	$q^6/7$	$\sum_{k=0}^{1}/7$	$\sum_{k=0}^{2}/7$	$\sum_{k=0}^{3}/7$	$\sum_{k=0}^{4}/7$	$\sum_{k=0}^{5}/7$	$\sum_{k=0}^{6}/7$	$\sum_{k=0}^{6}/7$	$\sum_{k=1}^{6}/7$	$\sum_{k=2}^{6}/7$	$\sum_{k=3}^{6}/7$	$\sum_{k=4}^{6}/7$	$\sum_{k=5}^{6}/7$ $p^6/7$

其中, $\sum_{k=i}^{m} = \sum_{k=i}^{m} C_6^k p^k q^{6-k}, q = 1-p, i, m = 0, 1, \cdots, 6,$ 即

$$P\{X-Y=n\} = \begin{cases} \dfrac{1}{7} \sum_{k=0}^{7+n} C_6^k p^k q^{6-k}, & -7 \leqslant n \leqslant -1 \\ \dfrac{1}{7} \sum_{k=n+1}^{6} C_6^k p^k q^{6-k}, & 0 \leqslant n \leqslant 5 \end{cases}$$

1.7 离散型随机变量为几何分布当且仅当它具有无记忆性 [1]

所谓随机变量 ξ 服几何分布是指:

$$P\{\xi = k\} = pq^{k-1}, \quad 0 < p < 1, \quad q = 1-p, \quad k = 1, 2, 3, \cdots$$

定理 1.7.1 设 ξ 为只取正整数值的随机变量, 则下列命题等价:

(1) ξ 服从几何分布;

(2) $P\{\xi > m+n | \xi > n\} = P\{\xi > m\}, m, n = 1, 2, 3, \cdots$;

(3) $P\{\xi = m+n | \xi > n\} = P\{\xi = m\}, m, n = 1, 2, \cdots$.

其中 $P\{\xi > m+n | \xi > n\}$ 表示在事件 $\{\xi > n\}$ 发生下事件 $\{\xi > m+n\}$ 发生的条件概率, $P\{\xi = m+n | \xi > n\}$ 有类似的含义. 其中 (2) 和 (3) 均称为几何分布的无记忆性.

证明 (1) $\Rightarrow$ (2), 设 $P\{\xi = k\} = pq^{k-1}, k = 1, 2, \cdots, 0 < p < 1, q = 1-p,$ 则由条件概率定义和 $\{\xi > m+n, \xi > n\}$ 表示 $\{\xi > m+n\} \cap \{\xi > n\}$ 得

$$P\{\xi > m+n | \xi > n\} = \frac{P\{\xi > m+n, \xi > n\}}{P\{\xi > n\}}$$
$$= \frac{P\{\xi > m+n\}}{P\{\xi > n\}}$$

1.7 离散型随机变量为几何分布当且仅当它具有无记忆性

$$= \sum_{k=m+n+1}^{\infty} pq^{k-1} \bigg/ \sum_{k=n+1}^{\infty} pq^{k-1} = q^{m+n}/q^n$$
$$= q^m = P\{\xi > m\}$$

于是 (2) 得证.

(2) $\Rightarrow$ (3), 由 (2) 得

$$\frac{P\{\xi > m+n\}}{P\{\xi > n\}} = P\{\xi > m\}$$

由此式得

$$\frac{P\{\xi > m-1+n\}}{P\{\xi > n\}} = P\{\xi > m-1\}$$

后式减去前式得

$$\frac{P\{\xi = m+n\}}{P\{\xi > n\}} = P\{\xi = m\}$$

即

$$P\{\xi = m+n \,|\, \xi > n\} = P\{\xi = m\}$$

(3) $\Rightarrow$ (1), 因为 $P\{\xi = m+n \,|\, \xi > n\} = P\{\xi = m\}$, 所以有

$$P\{\xi = m+n\} = P\{\xi > n\} P\{\xi = m\}$$

令 $G(m) = P\{\xi > m\}, F(m) = P\{\xi = m\}, m = 1, 2, 3, \cdots$, 则上式变为

$$F(m+n) = G(n) F(m)$$

且

$$G(1) + F(1) = 1$$

从而

$$P\{\xi = k\} = F(k) = G(1) F(k-1)$$
$$= [G(1)]^2 F(k-2) = \cdots = [G(1)]^{k-1} F(1)$$

即 $P\{\xi = k\} = F(1) [G(1)]^{k-1}, k = 1, 2, 3, \cdots$. 所以 ξ 服从参数为 $p = F(1)$ 的几何分布.

1.8 连续型随机变量为指数分布当且仅当它具有无记忆性 [1]

定理 1.8.1 设 ξ 是非负连续型随机变量, 则下列命题等价:

(1) ξ 服从指数分布;

(2) 对任意实数 $x,y>0$ 有 $P\{\xi>x+y|\xi>x\}=P\{\xi>y\}$;

(3) 对任意实数 $x,y,x>0$, 有

$$P\{x+y<\xi<x+y+z\}=P\{y<\xi<y+z\}P\{\xi>x\}$$

其中 (2) 与 (3) 均称为指数分布的无记忆性.

证明 (1) $\Rightarrow$ (2), 设 ξ 服从参数为 $\lambda>0$ 的指数分布, 则

$$P\{\xi>x\}=\begin{cases} 1, & x\leqslant 0 \\ \mathrm{e}^{-\lambda x}, & x>0 \end{cases}$$

所以, 由条件概率定义有

$$\begin{aligned} P\{\xi>x+y|\xi>x\} &= \frac{P\{\xi>x+y,\xi>x\}}{P\{\xi>x\}} \\ &= \frac{P\{\xi>x+y\}}{P\{\xi>x\}} = \mathrm{e}^{-\lambda(x+y)}/\mathrm{e}^{-\lambda x} \\ &= \mathrm{e}^{-\lambda x} = P\{\xi>y\}, \quad x,y>0 \end{aligned}$$

(2) $\Rightarrow$ (3), 由 (2) 得

$$\frac{P\{\xi>x+y\}}{P\{\xi>x\}}=P\{\xi>y\}$$

所以

$$\frac{P\{\xi>x+y+z\}}{P\{\xi>x\}}=P\{\xi>y+z\}$$

上两式相减得

$$\frac{P\{x+y<\xi\leqslant x+y+z\}}{P\{\xi>x\}}=P\{y<\xi\leqslant y+z\}$$

即

$$P\{x+y < \xi < x+y+z\} = P\{y < \xi < y+z\}P\{\xi > x\}$$

$(3) \Rightarrow (2)$, 在 (3) 中令 $z \to +\infty$ 得

$$P\{\xi > x+y\} = P\{\xi > y\}P\{\xi > x\}$$

即

$$P\{\xi > x+y | \xi > x\} = P\{\xi > y\}$$

$(2) \Rightarrow (1)$, 由 (3) 得

$$P\{\xi > x+y\} = P\{\xi > y\}P\{\xi > x\}, \quad x,y > 0$$

令 $G(x) = P\{\xi > x\}$, 则上式变为

$$G(x+y) = G(y)G(x), \quad x,y > 0$$

且

$$0 \leqslant G(x) \leqslant 1, \quad x > 0$$

设 $0 < x < y$, 则 $G(y) = G(y-x+x) = G(y-x)G(x)$, 故

$$G(x) - G(y) = G(x)[1 - G(y-x)] \geqslant 0$$

所以 $G(x)$ 在区间 $[0, +\infty]$ 上单调不增, 因为 $G(nx) = [G(x)]^n, x > 0$. 令 $x = \dfrac{1}{n}$, 记 $G(1) = a$, 得

$$a = G\left(\dfrac{n}{n}\right) = \left[G\left(\dfrac{1}{n}\right)\right]^n$$

故

$$G\left(\dfrac{1}{n}\right) = a^{1/n}$$

又 $G(mx) = [G(x)]^m$, 故 $G\left(\dfrac{m}{n}\right) = \left[G\left(\dfrac{1}{n}\right)\right]^m = a^{m/n}$.

此表明对任意有理数 r, 有 $G(r) = a^r$.

又因 $G(x)$ 是单调不增函数, 故对任意实数 x, 取有理数列 x_n 与 x'_n 使得 $x_n \uparrow x, x'_n \downarrow x$, 即 $a^{x'_n} \leqslant G(x) \leqslant a^{x_n}$, 令 $n \to \infty$, 得 $a^x \leqslant G(x) \leqslant a^x$, 所以, 对任意实数 $x > 0$ 得

$$G(x) = a^x, \quad x > 0$$

因为 $0 \leqslant a \equiv G(1) \leqslant 1$, 如果 $a = 0$, 则得

$$a^x = G(x) = P\{\xi > x\} \equiv 0, \quad x > 0$$

这表示 $P\{\xi = 0\} = 1$, 与 ξ 是连续型随机变量矛盾, 若 $a = 1$, 则得

$$G(x) = P\{\xi > x\} \equiv 1, \quad x > 0$$

这表明 ξ 只取 $+\infty$, 与 ξ 为连续型随机变量矛盾, 故 $0 < a < 1$, 令 $\lambda = -\ln a$, 则有 $a = e^{-\lambda}$, 从而得

$$G(x) = e^{-\lambda x}, \quad x > 0, \quad \lambda > 0$$

如果记 $F(x), f(x)$ 分别为 ξ 的分布函数与密度函数, 则

$$F(x) = P\{\xi < x\} = \begin{cases} 0, & x \leqslant 0 \\ 1 - G(x) = 1 - e^{-\lambda x}, & x > 0 \end{cases}$$

$$f(x) = F'(x) = \begin{cases} \lambda e^{-\lambda x}, & x > 0 \\ 0, & x \leqslant 0 \end{cases}$$

1.9 两个母公式 [4]

设 $f(x, y)$ 为二维随机变量 (X, Y) 的密度函数, a, b, c, d 均为常数, a 与 b 不全为零. 现来求 $aX + bY + c$ 的密度函数. 当 $a \neq 0$ 时, 令

$$\begin{cases} y_1 = ax + by + c, \\ y_2 = y, \end{cases} \quad 则 \quad \begin{cases} x = (y_1 - by_2 - c)/a \\ y = y_2 \end{cases}$$

所以, 雅可比行列式

$$J(y_1, y_2) = \begin{vmatrix} \dfrac{\partial x}{\partial y_1} & \dfrac{\partial x}{\partial y_2} \\ \dfrac{\partial y}{\partial y_1} & \dfrac{\partial y}{\partial y_2} \end{vmatrix} = \begin{vmatrix} \dfrac{1}{a} & -\dfrac{b}{a} \\ 0 & 1 \end{vmatrix} = \dfrac{1}{a}$$

从而 $\eta_1 = aX + bY + c$ 与 $\eta_2 = Y$ 的联合密度为

$$f\left(\dfrac{y_1 - by_2 - c}{a}, y_2\right) \left|\dfrac{1}{a}\right|$$

由边缘密度公式, $aX+bY+c$ 的密度为

$$f_{aX+bY+c}(y_1) = \frac{1}{|a|}\int_{-\infty}^{\infty} f\left(\frac{y_1-by_2-c}{a}, y_2\right)dy_2$$

即

$$f_{aX+bY+c}(z) = \frac{1}{|a|}\int_{-\infty}^{\infty} f\left(\frac{z-by-c}{a}, y\right)dy$$

当 $b \neq 0$ 时, 类似可得

$$f_{aX+bY+c}(z) = \frac{1}{|b|}\int_{-\infty}^{\infty} f\left(x, \frac{z-ax-c}{b}\right)dx$$

于是得

$$\begin{aligned}f_{aX+bY+c}(z) &= \frac{1}{|a|}\int_{-\infty}^{\infty} f\left(\frac{z-by-c}{a}, y\right)dy \quad (a\neq 0)\\ &= \frac{1}{|b|}\int_{-\infty}^{\infty} f\left(x, \frac{z-ax-c}{b}\right)dx \quad (b\neq 0)\end{aligned} \quad (1.9.1)$$

为求 XY^d 的密度, 令

$$\begin{cases} y_1 = xy^d, \\ y_1 = y, \end{cases} \quad \text{则} \quad \begin{cases} x = y_1/y_2^d, \\ y = y_2, \end{cases} \quad \text{从而} \quad J(y_1, y_2) = \frac{1}{y_2^d}$$

所以, $\eta_1 = XY^d$ 与 $\eta_2 = Y$ 的联合密度为

$$f\left(\frac{y_1}{y_2^d}, y_2\right)\left|\frac{1}{y_2^d}\right|$$

于是 XY^d 的密度为

$$f_{XY^d}(y_1) = \int_{-\infty}^{\infty} \left(\frac{y_1}{y_2^d}, y_2\right)\frac{1}{|y_2^d|}dy_2$$

即

$$f_{XY^d}(z) = \int_{-\infty}^{\infty} \left(\frac{z}{y^d}, y\right)\frac{1}{|y|^d}dy, \quad P\{Y=0\}=0 \quad (1.9.2)$$

上述两个公式不仅给出函数 $aX+bY+c$ 与 XY^d 的密度 (函数) 公式, 而且由此两个公式可以产生很多公式. 例如, 令 $a=b=1, c=0$, 由 (1.9.1) 式得 $X+Y$ 的密度 (函数) 公式

$$f_{X+Y}(z) = \int_{-\infty}^{\infty} (z-y, y)dy$$

$$= \int_{-\infty}^{\infty} f(x, z-x)dx \tag{1.9.3}$$

令 $a=1, b=-1, c=0$, 由 (1.9.1) 式, 得 $X-Y$ 的密度

$$f_{X-Y}(z) = \int_{-\infty}^{\infty} f(z+y, y)dy$$
$$= \int_{-\infty}^{\infty} f(x, x-z)dx \tag{1.9.4}$$

令 $a=1, b=0, c=0$, 由 (1.9.1) 式的第一式得 X 的边缘密度

$$f_X(z) = \int_{-\infty}^{\infty} f(z, y)dy \tag{1.9.5}$$

令 $a=c=0, b=1$, 由 (1.9.1) 式的第二式得 Y 的密度

$$f_Y(z) = \int_{-\infty}^{\infty} f(x, z)dx \tag{1.9.6}$$

令 $d=1$, 由 (1.9.2) 式得 XY 的密度

$$f_{XY}(z) = \int_{-\infty}^{\infty} f\left(\frac{z}{y}, y\right)\frac{1}{|y|}dy \quad \text{(由对称性)} \quad [P\{Y=0\}=0]$$
$$= \int_{-\infty}^{\infty} f\left(x, \frac{z}{x}\right)\frac{1}{|x|}dx, \quad P\{X=0\}=0 \tag{1.9.7}$$

令 $d=-1$, 由 (1.9.2) 式得 X/Y 的密度

$$f_{X/Y}(z) = \int_{-\infty}^{\infty} f(zy, y)|y|dy, \quad P\{Y=0\}=0 \tag{1.9.8}$$

令 $d=\dfrac{1}{2}$ (当 $Y \geqslant 0$ 时), 由 (1.9.2) 式得 $\dfrac{X}{\sqrt{Y}}$ 的密度

$$f_{X/Y}(z) = \int_{-\infty}^{\infty} f\left(\frac{z}{\sqrt{y}}, y\right)\frac{1}{\sqrt{|y|}}dy, \quad P\{Y=0\}=0 \tag{1.9.9}$$

令 $d=0$, 由 (1.9.2) 式得 X 的密度

$$f_X(z) = \int_{-\infty}^{\infty} f(z, y)dy \tag{1.9.10}$$

显然 (1.9.5) 式与 (1.9.10) 式相同.

1.9 两个母公式

令 $b = 0$, 当 $a \neq 0$ 时, 由 (1.9.1) 式的第一式得 $aX + c$ 的密度

$$f_{aX+c}(z) = \frac{1}{|a|}\int_{-\infty}^{\infty} f\left(\frac{z-c}{a}, y\right) dy$$

$$= \frac{1}{|a|} f_X\left(\frac{z-c}{a}\right), \quad a \neq 0 \qquad (1.9.11)$$

令 $d = 2$, 由 (1.9.2) 式得 XY^2 的密度

$$f_{XY^2}(z) = \int_{-\infty}^{\infty} f\left(\frac{z}{y^2}, y\right) \frac{1}{y^2} dy \qquad (1.9.12)$$

令 $d = -2$, 由 (1.9.2) 式得 X/Y^2 的密度

$$f_{X/Y^2}(z) = \int_{-\infty}^{\infty} f(zy^2, y) y^2 dy \qquad (1.9.13)$$

令 a, b, c, d 取其他不同的值还可以得许多其他公式, 这里就不再详述了.

例 1.9.1 设 $\xi \sim U(0,1), \eta \sim U(0,1)$, 且 ξ 与 η 独立. 求:

(1) $2\xi + 3\eta + 1$ 的密度函数; (2) $\xi\eta^2$ 的密度函数.

解 (1) 由 (1.9.1) 式和图 1.9.1 得

$$f_{2\xi+3\eta+1}(z) = \frac{1}{3}\int_{-\infty}^{\infty} f_\xi(x) f_\eta\left(\frac{z-2x-1}{3}\right) dx$$

$$= \begin{cases} \dfrac{1}{3}\int_1^{(z-1)/2} 1 dx = (z-1)/6, & 1 < z \leqslant 3 \\ \dfrac{1}{3}\int_0^1 1 dx = \dfrac{1}{3}, & 3 < z \leqslant 4 \\ \dfrac{1}{3}\int_{(z-4)/2}^1 1 dx = (6-z)/6, & 4 < z \leqslant 6 \\ 0, & \text{其他} \end{cases}$$

(2) 由 (1.9.2) 式和图 1.9.2 得

$$f_{\xi\eta^2}(z) = \int_{-\infty}^{\infty} f_\xi(z/y^2) f_\eta(y) \frac{1}{y^2} dy$$

$$= \begin{cases} \int_{\sqrt{z}}^1 \dfrac{1}{y^2} dy = z^{-\frac{1}{2}} - 1, & 0 < z < 1 \\ 0, & \text{其他} \end{cases}$$

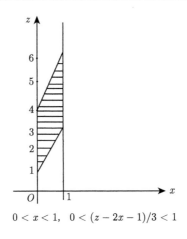

$0 < x < 1,\ 0 < (z-2x-1)/3 < 1$

图 1.9.1

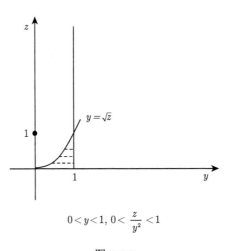

$0 < y < 1,\ 0 < \dfrac{z}{y^2} < 1$

图 1.9.2

由上述可知, (1.9.1) 式与 (1.9.2) 式可以产生许多公式, 因此, 只要记住 (1.9.1) 式与 (1.9.2) 式, 其他公式可以立刻得到.

1.10 极值联合分布 [5]

从 $1, 2, 3, \cdots, n$ 中有放回地随机取 $3\ (3 \leqslant n)$ 个数. 设 X, Y, Z 分别表示取出的 3 个中最大数、最小数和中间那个数. 求:

(a) (X, Y) 的分布律; (b) (X, Z) 的分布律; (c) (Z, Y) 的分布律; (d)3 个数和的

1.10 极值联合分布

(频数) 分布.

这时条件概率仍是古典概率, 但是其有利场合数讨论起来较麻烦, 例如

$$P\{X=k, Y=j\} = P\{X=k\}P\{Y=j|X=k\}$$
$$= \frac{k^3-(k-1)^3}{n^3} \cdot \frac{A_{nkj}}{k^3-(k-1)^3} = \frac{A_{nkj}}{n^3}$$

中的 A_{nkj} 讨论起来就较麻烦. 故在取数 (有) 放回的情况下, 我们先考虑 $n=5$ 时, $(X,Y), (X,Z), (Z,Y)$ 的分布律.

(a) 先求 (X,Y) 的分布律. 显然, X 与 Y 均可取值 1, 2, 3, 4, 5.

概率 $P\{X=5, Y=4\}$ 表示, 最大数是 5, 最小数是 4, 即取出的 3 个数只能是 554 和 544 两种情况, 且每种情况都有 3 种不同的排列, 故 (总) 排列数为 6, 从而 $P\{X=5, Y=4\} = 6/125$, 类似地可得表 1.10.1.

表 1.10.1

(X,Y)	情况数	排列数	总频数	(X,Z)	情况数	排列数	总频数	(Z,Y)	情况数	排列数	总频数
(5,5)	555	1	1	(5,5)	551	3	13	(5,5)	555	1	1
(5,4)	554	3	6		552	3		(5,4)	554	3	3
	544	3			553	3		(5,3)	553	3	3
(5,3)	553	3	12		554	3		(5,2)	552	3	3
	533	3			555	1		(5,1)	551	3	3
	543	6		(5,4)	544	3	21	(4,4)	544	3	4
(5,2)	522	3	18		543	6			444	1	
	552	3			542	6		(4,3)	543	6	9
	542	6			541	6			443	3	
	532	6		(5,3)	533	3	15	(4,2)	542	6	9
(5,1)	511	3	24		532	6			442	3	
	551	3			531	6		(4,1)	541	6	9
	541	6		(5,2)	522	3	9		441	3	
	531	6			521	6		(3,3)	533	6	7
	521	6		(5,1)	511	3	3		433	3	

续表

(X,Y)	情况数	排列数	总频数	(X,Z)	情况数	排列数	总频数	(Z,Y)	情况数	排列数	总频数
(4,4)	444	1	1	(4,4)	441	3	10	(3,3)	333	1	1
(4,3)	433	3	6		442	3		(3,2)	532	6	15
	443	3			443	3			432	6	
(4,2)	422	3	12		444	1			332	3	
	442	3		(4,3)	431	6	15	(3,1)	531	6	15
	432	6			432	6			431	6	
(4,1)	411	3	18		433	3			331	3	
	441	3		(4,2)	422	3	9	(2,2)	522	3	10
	431	6			421	6			422	3	
	421	6		(4,1)	411	3	3		322	3	
(3,3)	333	1	1		331	3			222	1	
(3,2)	322	3	6	(3,3)	332	3	7	(2,1)	521	6	21
	332	3			333	1			421	6	
(3,1)	311	3	12	(3,2)	322	3	9		321	6	
	331	3			321	6			221	3	
	321	6		(3,1)	311	3	3	(1,1)	511	3	12
(2,2)	222	1	1	(2,2)	221	3	4		411	3	
(2,1)	211	3	6		222	1			311	3	
	221	3		(1,1)	111	1	1		211	3	
(1,1)	111	1	1	(2,1)	211	3	3		111	1	

对一般的 n, 用类似表 1.10.1 的方法可得 (X,Y) 的分布律 (表 1.10.2).

表 1.10.2

X \ Y	n	$n-1$	$n-2$	$n-3$	$\cdots$	2	1
n	$1/n^3$	$6/n^3$	$2\times 6/n^3$	$3\times 6/n^3$	$\cdots$	$(n-2)6/n^3$	$(n-1)6/n^3$
$n-1$	0	$1/n^3$	$6/n^3$	$2\times 6/n^3$	$\cdots$	$(n-3)6/n^3$	$(n-2)6/n^3$
$n-2$	0	0	$1/n^3$	$6/n^3$	$\cdots$	$(n-4)6/n^3$	$(n-3)6/n^3$
$\vdots$	$\vdots$	$\vdots$	$\vdots$	$\vdots$		$\vdots$	$\vdots$
2	0	0	0	0	$\cdots$	$1/n^3$	$6/n^3$
1	0	0	0	0	$\cdots$	0	$1/n^3$

1.10 极值联合分布

由此得

$$P\{X=n-k, Y=n-j\} = \begin{cases} 0, & k>j, k=0,1,\cdots,n-1 \\ \dfrac{6(j-k)}{n^3}, & k<j, k=0,1,\cdots,n-1 \\ 1/n^3, & k=j, j=0,1,\cdots,n-1 \end{cases} \quad (1.10.1)$$

类似地, 得 (X,Z) 的分布律 (表 1.10.3).

表 1.10.3

X \ Z	n	$n-1$	$n-2$	$n-3$	$\cdots$	2	1
n	$\dfrac{1+3(n-1)}{n^3}$	$\dfrac{3+6(n-2)}{n^2}$	$\dfrac{3+6(n-3)}{n^3}$	$\dfrac{3+6(n-4)}{n^3}$	$\cdots$	$\dfrac{3+6}{n^3}$	$\dfrac{3}{n^3}$
$n-1$	0	$\dfrac{1+3(n-2)}{n^3}$	$\dfrac{3+6(n-3)}{n^3}$	$\dfrac{3+6(n-4)}{n^3}$	$\cdots$	$\dfrac{3+6}{n^3}$	$\dfrac{3}{n^3}$
$n-2$	0	0	$\dfrac{1+3(n-3)}{n^3}$	$\dfrac{3+6(n-4)}{n^3}$	$\cdots$	$\dfrac{3+6}{n^3}$	$\dfrac{3}{n^3}$
$\vdots$	$\vdots$	$\vdots$	$\vdots$	$\vdots$		$\vdots$	$\vdots$
2	0	0	0	$\cdots$	0	$\dfrac{1+3[n-(n-1)]}{n^3}$	$\dfrac{3}{n^3}$
1	0	0	0	0	$\cdots$	0	$1/n^3$

由此得

$$P\{X=n-k, Z=n-j\} = \begin{cases} 0, & k>j, k=0,1,\cdots,n-1 \\ \dfrac{3+6(n-j-1)}{n^3}, & k<j, k=0,1,\cdots,n-1 \\ \dfrac{1+3(n-j-1)}{n^3}, & k=j, j=0,1,\cdots,n-1 \end{cases}$$
$$(1.10.2)$$

类似地, 得 (Z,Y) 的分布律 (表 1.10.4).

表 1.10.4

Z \ Y	n	$n-1$	$n-2$	$n-3$	$\cdots$	2	1
n	$1/n^3$	$3/n^3$	$3/n^3$	$3/n^3$	$\cdots$	$3/n^3$	$3/n^3$
$n-1$	0	$\dfrac{1+3}{n^3}$	$9/n^3$	$9/n^3$	$\cdots$	$9/n^3$	$9/n^3$
$n-2$	0	0	$\dfrac{1+2\times 3}{n^3}$	$\dfrac{3+2\times 6}{n^3}$	$\cdots$	$\dfrac{15}{n^3}$	$\dfrac{15}{n^3}$
$n-3$	0	0	0	$\dfrac{1+3\times 3}{n^3}$	$\cdots$	$21/n^3$	$21/n^3$
$\vdots$	$\vdots$	$\vdots$	$\vdots$	$\vdots$		$\vdots$	$\vdots$
2	0	0	0	$\cdots$	0	$\dfrac{1+(n-2)3}{n^3}$	$\dfrac{3+(n-2)6}{n^3}$
1	0	0	0	$\cdots$	0	0	$\dfrac{1+(n-1)3}{n^3}$

由此得

$$P\{Z=n-j, Y=n-i\} = \begin{cases} (3+6j)/n^3, & j<i, j=0,1,\cdots,n-1 \\ (1+3j)/n^3, & j=i, i=0,1,\cdots,n-1 \\ 0, & j>i, i=0,1,\cdots,n-1 \end{cases} \quad (1.10.3)$$

知道 (X,Y) 的分布, 很自然我们会考虑极差 $X-Y$ 的分布. 由 (X,Y) 的分布律知, $X-Y$ 能取的值为 $0,1,2,\cdots,n-1$, 且 $X-Y=0$ 的概率为 (X,Y) 分布律中对角线上各数之和, $X-Y=1$ 的概率为第一次对角线上各数之和, $X-Y=i$ 的概率为第 i 次对角线上各数之和, $i=1,2,\cdots,n-1$. 即

$$P\{X-Y=i\} = \begin{cases} \dfrac{1}{n^2}, & i=0 \\ 6i(n-i)/n^3, & i=1,2,\cdots,n-1 \end{cases} \quad (1.10.4)$$

易知

$$\begin{aligned}\sum_{i=0}^{n-1} P\{X-Y=i\} &= \frac{1}{n^2} + \sum_{i=1}^{n-1} 6i(n-i)/n^3 = \frac{1}{n^2} + \sum_{i=1}^{n-1}(6ni-6i^2)/n^3 \\ &= \frac{1}{n^2} + 6n\cdot n(n-1)/2n^3 - 6\cdot\frac{1}{6}(n-1)n(2n-1)/n^3 \\ &= \frac{1}{n^2} + (3n-3)/n - (2n^2-3n+1)/n^2 = 1\end{aligned}$$

类似地, 由 (X,Z) 的分布列, 则 $X-Z$ 的分布列为

$$P\{X-Z=i\} = \begin{cases} \sum_{j=1}^{n} \dfrac{1+3(n-j)}{n^3}, & i=0 \\ \sum_{j=i+1}^{n} \dfrac{3+6(n-j)}{n^3}, & i=1,2,\cdots,n-1 \end{cases}$$

$$= \begin{cases} \dfrac{3n-1}{2n^2}, & i=0 \\ \dfrac{3n^2+3i^2-6ni}{n^3}, & i=1,2,\cdots,n-1 \end{cases} \quad (1.10.5)$$

由此得

$$\sum_{i=0}^{n-1} P\{X-Z=i\} = \frac{3n-1}{2n^2} + \sum_{i=1}^{n-1} \frac{3n^2+3i^2-6ni}{n^3}$$

$$= \frac{3n-1}{2n^2} + \frac{2n^2+3n+1}{2n^2} = 1$$

由 (Z,Y) 的分布列, 得

$$P\{Z-Y=i\} = \begin{cases} \sum_{j=0}^{n-1} \dfrac{1+3j}{n^3}, & i=0 \\ \sum_{j=i+1}^{n} \dfrac{3+6(n-j)}{n^3}, & i=1,2,\cdots,n-1 \end{cases}$$

$$= \begin{cases} \dfrac{3n-1}{2n^2}, & i=0 \\ \dfrac{3n^2+3i^2-6ni}{n^3}, & i=1,2,\cdots,n-1 \end{cases} \quad (1.10.6)$$

如果从 $1,2,3,\cdots,n$ 中不是取 3 个数, 而是有放回地随机取 5 个数或 7 个数, 用上法也可以讨论, 只是复杂得多.

1.11 一些组合公式的概率证明 [1]

直接证明组合公式往往比较难. 一些组合公式用概率模型来证明却比较简单. 现介绍如下.

1.11.1 由三个常见离散分布得到的组合公式

1. 二项分布

设 $\xi \sim B(n,p)$. 由于 $\sum\limits_{k=0}^{n} P\{\xi=k\}=1$, 从而, 当 $p=\dfrac{1}{r}$ 时, 得

$$\sum_{k=0}^{n} C_n^k (r-1)^{n-k} = r^n, \quad r>1, \quad n>0 \tag{1.11.1}$$

直接证明上式也很简单. 在 (1.11.1) 式中, 要求 $r>1$, 实际上, 当 $n>0$ 且 r 为除 1 以外的任意实数时, (1.11.1) 式也成立. 例如, 当 $r=0$ 时, 有

$$\sum_{k=0}^{n} C_n^k (-1)^{n-k} = 0, \quad n \neq 0 \tag{1.11.2}$$

(1.11.2) 式初看起来似乎很难想象, 实际上直接证明也简单, 由二项式公式, 得

$$0 = 0^n = [1+(-1)]^n = \sum_{k=0}^{n} C_n^k 1^k (-1)^{n-k} = \sum_{k=0}^{n} C_n^k (-1)^{n-k} = \sum_{k=0}^{n} C_n^k (-1)^{n-k}$$

类似地, 当 $r=-\dfrac{3}{2}$ 时, 有

$$\sum_{k=0}^{n} C_n^k \left(-\frac{5}{2}\right)^k = \left(-\frac{3}{2}\right)^n \tag{1.11.3}$$

当 $r=2$ 时, 有

$$\sum_{k=0}^{n} C_n^k = 2^n \tag{1.11.4}$$

在 (1.11.1) 式中, 要求 n 满足 $n>0$. 如果 $n=0$ 且 $r=0$, 则有

$$0^0 = \sum_{k=0}^{0} C_0^k (-1)^{0-k} = C_0^0 (-1)^0 = \frac{0!}{0!(0-0)!} = 1 \tag{1.11.5}$$

即 0 的 0 次方等于 1. 但是, 0 的 0 次方至今还没有定义 (由于, 当 a 不等于 0 时, a 的 0 次方为 1, 故当 a 趋于 0 时其极限为 1, 即 0 的 0 次方等于 1. 另一方面, 当 a 为正数时, 0 的 a 次方为 0, 故当 a 趋于 0 时其极限为 0, 即 0 的 0 次方等 0. 所以 0 的 0 次方至今还没有定义).

在 (1.11.1) 式中, 如果令 $r=1$, 则有

$$1 = \sum_{k=0}^{n} C_n^k 0^{n-k} = C_n^n 0^0 = 0^0$$

1.11 一些组合公式的概率证明

我们又得到 (1.11.5) 式. 因此, 为了使对任意非负整数 n 和任意实数 r, (1.11.1) 式都成立, 在这里我们约定: $0^0 = 1$.

因为 $E(X) = np$, 即 $\sum\limits_{k=0}^{n} k C_n^k p^k q^{n-k} = np$, 所以, 当 $p = \dfrac{1}{2}$ 时, 得

$$\sum_{k=0}^{n} k C_n^k = n 2^{n-1} \tag{1.11.6}$$

当 $p = \dfrac{1}{3}$ 时, 得

$$\sum_{k=0}^{n} k C_n^k \left(\dfrac{1}{2}\right)^k = \dfrac{n 3^{n-1}}{2^n} \tag{1.11.7}$$

因为 $E(\xi^2) = np + n(n-1)p^2$, 即 $\sum\limits_{k=0}^{n} k^2 C_n^k p^k q^{n-k} = np + n(n-1)p^2$, 当 $p = 1/2$ 时, 得

$$\sum_{k=0}^{n} k^2 C_n^k = n 2^{n-1} + n(n-1) 2^{n-2} = n(n+1) 2^{n-2} \tag{1.11.8}$$

因为 $E[\xi(\xi - 1)] = n(n-1)p^2$, 所以当 $p = \dfrac{1}{2}$ 时, 得

$$\sum_{k=1}^{n} k(k-1) C_n^k = n(n-1) 2^{n-2} \tag{1.11.9}$$

由于 $\sum\limits_{k=1}^{n} k C_n^k p^k q^{n-k} = np$, 从而, 当 $p = \dfrac{1}{r}$ 时, 得

$$\sum_{k=1}^{n} k C_n^k (r-1)^{n-k} = n r^{n-1}, \quad r \neq 1 \tag{1.11.10}$$

当 $r = 3$ 时, 得

$$\sum_{k=1}^{n} k C_n^k 2^{n-k} = n 3^{n-1} \tag{1.11.11}$$

在 $\sum\limits_{k=0}^{n} k^2 C_n^k p^k q^{n-k} = np + n(n-1)p^2$ 中, 令 $p = \dfrac{1}{r}$, 得

$$\sum_{k=0}^{n} k^2 C_n^k (r-1)^{n-k} = n r^{n-1} + n(n-1) r^{n-2}, \quad r \neq 1 \tag{1.11.12}$$

当 $r = 2$ 时, 得

$$\sum_{k=0}^{n} k^2 C_n^k = n(n+1) 2^{n-2} \tag{1.11.13}$$

当 $r = 3$ 时,得
$$\sum_{k=0}^{n} k^2 C_n^k 2^{n-k} = n(n+2)3^{n-2} \tag{1.11.14}$$

因为 $\sum_{k=0}^{n} k(k-1)C_n^k p^k q^{n-k} = n(n-1)p^2$,所以令 $p = \frac{1}{r}$,得

$$\sum_{k=1}^{n} k(k-1)C_n^k (r-1)^{n-k} = n(n-1)r^{n-2}, \quad r \neq 1 \tag{1.11.15}$$

当 $r = 2$ 时,得
$$\sum_{k=1}^{n} k(k-1)C_n^k = n(n-1)2^{n-2} \tag{1.11.16}$$

由 $\sum_{k=0}^{n} k C_n^k p^k q^{n-k} = np$,令 $q = \frac{1}{r}$,得 $\sum_{k=0}^{n} k C_n^k (r-1)^k = nr^{n-1}(r-1)$,当 $n \neq 1$ 时,令 $r = 0$,得

$$\sum_{k=0}^{n} k C_n^k (-1)^k = 0, \quad n \neq 1 \tag{1.11.17}$$

上式可以直接证明. 因为 $(1+x)^n = \sum_{k=0}^{n} C_n^k x^k = \sum_{k=0}^{n} C_n^k x^{n-k}$,关于 x 求导数,得 $n(1+x)^{n-1} = \sum_{k=0}^{n} k C_n^k x^{k-1} = \sum_{k=0}^{n} (n-k)C_n^k x^{n-k-1}$,再令 $x = -1(n \neq 1)$ 得

$$\sum_{k=0}^{n} k C_n^k (-1)^{k-1} = \sum_{k=0}^{n} (n-k)C_n^k (-1)^{n-k-1} = 0, \quad n \neq 1 \tag{1.11.18}$$

在上式中,三式乘以 -1,得

$$\sum_{k=0}^{n} k C_n^k (-1)^k = \sum_{k=0}^{n} (n-k)C_n^k (-1)^{n-k} = 0, \quad n \neq 1 \tag{1.11.19}$$

从而 (1.11.17) 式得证.

在 (1.11.10) 式中,令 $r = 0(n \neq 1)$,得

$$\sum_{k=0}^{n} k C_n^k (-1)^{n-k} = 0, \quad n \neq 1 \tag{1.11.20}$$

在 (1.11.15) 式中,令 $r = 0(n \neq 2)$,得

$$\sum_{k=0}^{n} k(k-1)C_n^k (-1)^{n-k} = 0, \quad n \neq 2 \tag{1.11.21}$$

1.11 一些组合公式的概率证明

为直接证明 (1.11.21) 式, 在 $(1+x)^n = \sum\limits_{k=0}^{n} C_n^k x^k = \sum\limits_{k=0}^{n} C_n^k x^{n-k}$ 中, 关于 x 求两次导数, 再令 $x = -1$, 得

$$0 = \sum_{k=0}^{n} k(k-1) C_n^k (-1)^{k-2} = \sum_{k=0}^{n} (n-k)(n-k-1) C_n^k (-1)^{n-k-2}, \quad n \neq 2 \tag{1.11.22}$$

再乘以 $(-1)^{n-2k+2}$, 得

$$\sum_{k=0}^{n} k(k-1) C_n^k (-1)^{n-k} = \sum_{k=0}^{n} (n-k)(n-k-1) C_n^k (-1)^{2n-3k} = 0 \tag{1.11.23}$$

从而 (1.11.21) 式得证.

在 (1.11.12) 式中, 令 $r = 0$, 得

$$\sum_{k=0}^{n} k^2 C_n^k (-1)^{n-k} = 0, \quad n \neq 1, \quad n \neq 2 \tag{1.11.24}$$

注意 1: 在 (1.11.17) 式中, $n \neq 1$. 如果 $n = 1$, (1.11.17) 式不成立, 因为左边为 -1, 不等于右边 0. 由于 (1.11.17) 式是由 $\sum\limits_{k=0}^{n} k C_n^k (r-1)^k = n r^{n-1} (r-1)$ 令 $r = 0$ 得到的, 在约定 $0^0 = 1$ 下, 如果 $n = 1 (r = 0)$, 该式两边同为 -1. 同理, 在 (1.11.21) 式中, $n \neq 2$. 如果 $n = 2$, 左边等于 2, 不等于右边 0. 由于 (1.11.21) 式是由 (1.11.15) 式令 $r = 0$ 得到的, 在约定 $0^0 = 1$ 下, 如果 $n = 2 (r = 0)$, 该式两边都等于 2. 在 (1.11.2) 式中, $n \neq 0$. 如果 $n = 0$, 由 (1.11.1) 式和约定 $0^0 = 1$, (1.11.2) 式左边应该等于 1, 而不等于 0. 在 (1.11.24) 式中, $n \neq 1$ 与 $n \neq 2$. 由 (1.11.12) 式与约定 $0^0 = 1$, 如果 $n = 1$, (1.11.24) 式两边都等于 1; 如果 $n = 2$, (1.11.24) 式两边都等于 2, 由此说明, 至少在二项公式和组合公式问题中, 约定 $0^0 = 1$ 是合理的. 当然, 约定 $0^0 = 1$, 不是对所有问题都适用.

注意 2: 由 (1.11.2) 式、(1.11.17) 式与 (1.11.21) 式知, 对任意实数 a, b, c, 有

$$\sum_{k=0}^{n} [ak(k-1) + bk + c] C_n^k (-1)^{n-k} = 0, \quad n > 2 \tag{1.11.25}$$

$$\sum_{k=0}^{n} [ak(k-1) + bk + c] C_n^k (-1)^k = 0, \quad n > 2 \tag{1.11.26}$$

特别在 (1.11.25) 式中, 当 $a = b = 1, c = 0$ 时, 立得 (1.11.24) 式. 一般地, 当 $n > r$ (r 为非负整数) 时, 把 (1.11.24) 式中的 k^2 换成 k^r, (1.11.24) 式仍成立 (为什么?). 即

$$\sum_{k=0}^{n} k^r C_n^k (-1)^{n-k} = \sum_{k=0}^{n} k^r C_n^k (-1)^k = 0, \quad n > r \tag{1.11.27}$$

从而, 对任意 $r + 1$ 个实数 $x_0, x_1, x_2, \cdots, x_r$, 有

$$\sum_{k=0}^{n} \left(\sum_{i=0}^{r} x_i k^i \right) C_n^k (-1)^{n-k} = \sum_{k=0}^{n} \left(\sum_{i=0}^{r} x_i k^i \right) C_n^k (-1)^k = 0, \quad n > r \tag{1.11.28}$$

注意 3: 在 (1.11.1) 式、(1.11.10) 式、(1.11.12) 式与 (1.11.15) 式中, 由于 $p = \dfrac{1}{r}$, 故 r 应该大于 1. 但是, 在此四式中, r 可以为除 1 以外的任意实数. 此四式的证明方法与 (1.11.21) 式的证明类似. 由此四式, 当 r 为除 1 以外的任意实数时, 可以得到许多组合公式, 这里就不详细叙述了.

2. 超几何分布

如果随机变量 ξ 具有分布律:

$$P\{\xi = k\} = C_M^k C_{N-M}^{n-k} / C_N^n, \quad k = 0, 1, 2, \cdots, \min(M, n)$$

且 n, M, N 均为正整数, $M \leqslant N, n \leqslant N$. 则称 ξ 服从超几何分布.

因为 $\sum\limits_{k=0}^{\min(M,n)} P\{\xi = k\} = 1$ 和当 $n < m$ 时 $C_n^m = 0$, 所以得

$$\sum_{k=0}^{M} C_M^k C_{N-M}^{n-k} = C_N^n = \sum_{k=0}^{n} C_M^k C_{N-M}^{n-k} \tag{1.11.29}$$

在 (1.11.29) 式中, 令 $N = m + n, M = m$, 得组合公式

$$\sum_{k=0}^{n} C_m^k C_n^k = C_{m+n}^n \tag{1.11.30}$$

如果从装有 m 个黑球 n 个白球的袋中不放回地随机取 k 个球, 则类似地, 得

$$\sum_{j=0}^{k} C_m^j C_n^{k-j} = C_{m+n}^k \tag{1.11.31}$$

1.11 一些组合公式的概率证明

在上式中, 当 $m = n = k$ 时, 得

$$\sum_{j=0}^{n} (C_n^j)^2 = C_{2n}^n \tag{1.11.32}$$

因为 $E(\xi) = \dfrac{nM}{N}$, 所以, 得

$$\sum_{k=0}^{M} k C_M^k C_{N-M}^{n-k} = \frac{nM}{N} C_N^n \tag{1.11.33}$$

在上式中, 设 $m = M, n = N - M$, 得

$$\sum_{k=0}^{n} k C_m^k C_n^k = \frac{nm}{n+m} C_{m+n}^n = \sum_{k=0}^{m} k C_m^k C_n^k \tag{1.11.34}$$

当 $m = n$ 时, 得

$$\sum_{k=0}^{n} k(C_n^k)^2 = \frac{n}{2} C_{2n}^n \tag{1.11.35}$$

3. 负二项分布

如果随机变量 ξ 具有分布律:

$$P\{\xi = k\} = C_{k-1}^{r-1} p^r q^{k-r}, \quad k = r, r+1, r+2, \cdots, \quad 0 < p < 1, \quad q = 1 - p$$

则称 ξ 服从负二项分布. 由 $1 = \sum\limits_{k=r}^{\infty} P\{\xi = k\}$, 令 $p = \dfrac{1}{t}$, 得

$$\sum_{k=r}^{\infty} C_{k-1}^{r-1} \left(\frac{t-1}{t}\right)^k = (t-1)^r \tag{1.11.36}$$

当 $t = 2$ 时, 得

$$\sum_{k=r}^{\infty} C_{k-1}^{r-1} \left(\frac{1}{2}\right)^k = 1 \tag{1.11.37}$$

令 $j = k - r$, 得

$$\sum_{j=0}^{\infty} C_{j+r-1}^{j} \left(\frac{1}{2}\right)^j = 2^r \tag{1.11.38}$$

因为 $E(\xi) = r/p$, 当 $p = \dfrac{1}{2}$ 时, 得

$$\sum_{k=r}^{\infty} k C_{k-1}^{r-1} \left(\frac{1}{2}\right)^k = 2r \tag{1.11.39}$$

在 $E(\xi) = r/p$ 中, 当 $p = \dfrac{1}{3}$ 时, 得

$$\sum_{k=r}^{\infty} k C_{k-1}^{r-1} \left(\frac{2}{3}\right)^k = 3r \cdot 2^r \tag{1.11.40}$$

在 (1.11.36) 式与 $E(\xi) = r/p$ 中, 当 t, p 取其他值时还可得到许多组合公式.

1.11.2 由极值分布得到的组合公式

(1) 从 $0, 1, 2, \cdots, n$ 中不放回随机取 $k(k \leqslant n)$ 个数, 令 ξ, η 分别为取出的 k 个数中最大数与最小数, 则 ξ, η 的分布律分别为

$$P\{\xi = j\} = C_j^{k-1}/C_{n+1}^k, \quad j = k-1, k, k+1, \cdots, n \tag{1.11.41}$$

$$P\{\eta = j\} = C_{n-j}^{k-1}/C_{n+1}^k, \quad j = 0, 1, \cdots, n-k+1 \tag{1.11.42}$$

于是, 得

$$\sum_{j=k-1}^{n} C_j^{k-1} = C_{n+1}^k \tag{1.11.43}$$

$$\sum_{j=0}^{n+1-k} C_{n-j}^{k-1} = C_{n+1}^k \tag{1.11.44}$$

在 (1.11.43) 式中, 令 $i = j - k + 1$, 得

$$\sum_{i=0}^{n-k+1} C_{i+k-1}^{k-1} = C_{n+1}^k \tag{1.11.45}$$

当 $k = 2$ 时, 由上三式得

$$\sum_{j=1}^{n} C_j^1 = \sum_{j=0}^{n-1} C_{n-j}^1 = \sum_{i=0}^{n-1} C_{i+1}^1 = C_{n+1}^2 \tag{1.11.46}$$

当 $k = 3$ 时, 由 (1.11.43)~(1.11.45) 式, 得

$$\sum_{j=2}^{n} C_j^2 = \sum_{n=0}^{n-2} C_{n-j}^2 = \sum_{i=0}^{n-2} C_{i+2}^2 = C_{n+1}^3 \tag{1.11.47}$$

如果 $k (k \geqslant 3)$ 为奇数, 设 ζ 为取出的 k 个数中中间那个数, 则 ζ 的分布律为

$$P\{\zeta = j\} = C_j^{(k-1)/2} C_{n-j}^{(k-1)/2} / C_{n+1}^k, \quad j = (k-1)/2, (k+1)/2, \cdots, n - (k-1)/2 \tag{1.11.48}$$

1.11 一些组合公式的概率证明

从而得

$$\sum_{j=(k-1)/2}^{n-(k-1)/2} C_j^{(k-1)/2} C_{n-j}^{(k-1)/2} = C_{n+1}^k \quad (1.11.49)$$

由此得

$$\sum_{j=1}^{n-1} C_j^1 C_{n-j}^1 = C_{n+1}^3 \quad (1.11.50)$$

$$\sum_{j=2}^{n-2} C_j^2 C_{n-j}^2 = C_{n+1}^5 \quad (1.11.51)$$

由 (1.11.43)、(1.11.44) 与 (1.11.49) 式, 得

$$\sum_{j=k-1}^{n} C_j^{k-1} = \sum_{j=0}^{n+1-k} C_{n-j}^{k-1} = \sum_{j=(k-1)/2}^{n-(k-1)/2} C_j^{(k-1)/2} C_{n-j}^{(k-1)/2}$$
$$= C_{n+1}^k, \quad k \text{ 为奇数且 } 3 \leqslant k \leqslant n \quad (1.11.52)$$

如果不是从 $0, 1, 2, \cdots, n$ 中取 k 个数, 而是从 $1, 2, \cdots, n$ 中不放回随机取 $k(k \leqslant n)$ 个数, 则 (1.11.41) 与 (1.11.42) 式分别为

$$p\{\xi = j\} = C_{j-1}^{k-1}/C_n^k, \quad j = k, k+1, \cdots, n \quad (1.11.41^*)$$

$$p\{\eta = j\} = C_{n-j}^{k-1}/C_n^k, \quad j = 1, 2, \cdots, n-k+1 \quad (1.11.42^*)$$

从而得

$$\sum_{j=k}^{n} C_{j-1}^{k-1} = C_n^k \quad (1.11.43^*)$$

$$\sum_{j=1}^{n-k+1} C_{n-j}^{k-1} = C_n^k \quad (1.11.44^*)$$

在 (1.11.44) 式中, 令 $i = j - k$ 得

$$\sum_{i=0}^{n} C_{i+k-1}^{k-1} = C_n^k \quad (1.11.45^*)$$

当 $k = 2$ 时, 由以上三等式得

$$\sum_{j=k}^{n} C_{j-1}^1 = \sum_{j=1}^{n-1} C_{n-j}^1 = \sum_{j+1}^{n} C_{j+1}^1 = C_n^2 \quad (1.11.46^*)$$

当 $k=3$ 时, 由 (1.11.43)~(1.11.45) 式得

$$\sum_{j=3}^{n} C_{j-1}^2 = \sum_{j=0}^{n-1} C_{j+2}^2 = C_n^3 \tag{1.11.47*}$$

如果 k 为奇数, 设 ζ 为取出的 k 个数中中间那个数, 则

$$p\{\zeta = j\} = C_{j-1}^{(k-1)/2} C_{j-1}^{(k-1)/2}/C_n^k, \quad j = (k+1)/2, (k+1)/2+1, \cdots, n-(k-1)/2 \tag{1.11.48*}$$

从而得

$$\sum_{j=(k+1)/2}^{n-(k-1)/2} C_{j-1}^{(k-1)/2} C_{n-j}^{(k-1)/2} = C_n^k \tag{1.11.49*}$$

由此得

$$\sum_{j=2}^{n-1} C_{j-1}^1 = C_{n-j}^1 = C_n^3 \tag{1.11.50*}$$

$$\sum_{j=3}^{n-2} C_{j-1}^2 = C_{n-j}^2 = C_n^5 \tag{1.11.51*}$$

由 (1.11.43)、(1.11.44)、(1.11.49) 式, 得

$$\sum_{j=k}^{n} C_{j-1}^{k-1} = \sum_{j=1}^{n-k+1} C_{n-j}^{k-1} = \sum_{j=(k+1)/2}^{n-(k-1)/2} C_{j-1}^k, \quad k(3 \leqslant k \leqslant n) \text{ 为奇数} \tag{1.11.52*}$$

(2) 从 $1, 2, 3, \cdots, m+n$ 中不放回随机取 k 个数, 设 ξ, η 分别为取出的 k 个数中最大数与最小数, 则 ξ, η 的分布律分别为

$$P\{\xi = j\} = C_{j-1}^{k-1}/C_{m+n}^k, \quad j = k, k+1, \cdots, m+n \tag{1.11.53}$$

$$P\{\eta = j\} = C_{m+n-j}^{k-1}/C_{m+n}^k, \quad j = 1, 2, \cdots, m+n-k+1 \tag{1.11.54}$$

于是分别得

$$\sum_{j=k}^{m+n} C_{j-1}^{k-1} = C_{m+n}^k \tag{1.11.55}$$

$$\sum_{j=1}^{m+n-k+1} C_{m+n-j}^{k-1} = C_{m+n}^k \tag{1.11.56}$$

1.11 一些组合公式的概率证明

$$\sum_{j=k}^{m+n} C_{j-1}^{k-1} = \sum_{j=1}^{m+n-k+1} C_{m+n-j}^{k-1} = C_{m+n}^{k} \tag{1.11.57}$$

当 $k = m+1$ 时, 以上三式分别为

$$\sum_{j=m+1}^{m+n} C_{j-1}^{m} = C_{m+n}^{m+1} \tag{1.11.58}$$

$$\sum_{j=1}^{n} C_{m+n-j}^{m} = C_{m+n}^{m+1} \tag{1.11.59}$$

$$\sum_{j=m+1}^{m+n} C_{j-1}^{m} = \sum_{j=1}^{n} C_{m+n-j}^{m} = C_{m+n}^{m+1} \tag{1.11.60}$$

设 $i = j - m$, 则 $\sum\limits_{j=m+1}^{m+n} C_{j-1}^{m} = \sum\limits_{i=1}^{n} C_{i+m-1}^{m}$, 再把 i 换成 j, 则得

$$\sum_{j=1}^{n} C_{j+m-1}^{m} = \sum_{j=1}^{n} C_{m+n-j}^{m} \tag{1.11.61}$$

如果 $k = m = n$, 则由 (1.11.55) 与 (1.11.56) 式得

$$\sum_{j=n}^{2n} C_{j-1}^{n-1} = C_{2n}^{n} \tag{1.11.62}$$

$$\sum_{j=1}^{n+1} C_{2n-j}^{n-1} = C_{2n}^{n} \tag{1.11.63}$$

当 $k(2 \leqslant k \leqslant m+n)$ 为其他的整数时还可以得到很多组合公式, 这里就不再详述了.

如果从 $1, 2, 3, \cdots, m+n$ 中不放回随机取出 k 个数 (k 是奇数), 设 ζ 为中间那个数, 则 ζ 的分布律为

$$P\{\xi = j\} = C_{j-1}^{(k-1)/2} C_{m+n-j}^{(k-1)/2} / C_{m+n}^{k}, \\ j = (k+1)/2, (k+1)/2 + 1, \cdots, m+n - (k-1)/2 \tag{1.11.64}$$

从而得

$$\sum_{j=(k+1)/2}^{m+n-(k-1)/2} C_{j-1}^{(k-1)/2} C_{m+n-j}^{(k-1)/2} = C_{m+n}^{k} \tag{1.11.65}$$

再由 (1.11.57) 式得

$$\sum_{j=k}^{m+n} C_{j-1}^{k-1} = \sum_{j=1}^{m+n+1-k} C_{m+n-j}^{k-1} = \sum_{j=(k+1)/2}^{m+n-(k-1)/2} C_{j-1}^{(k-1)/2} C_{m+n-j}^{(k-1)/2}$$
$$= C_{m+n}^k, \quad k(3 \leqslant k \leqslant m+n) \text{ 为奇数} \tag{1.11.66}$$

当 $k = m = n$ 时, 得

$$\sum_{j=n}^{2n} C_{j-1}^{n-1} = \sum_{j=1}^{n+1} C_{2n-j}^{n-1} = \sum_{j=(n+1)/2}^{(3n+1)/2} C_{j-1}^{(n-1)/2} C_{2n-j}^{(n-1)/2} = C_{2n}^n, \quad n(n > 1) \text{ 为奇数} \tag{1.11.67}$$

(3) 在 (1) 中, (ξ, η) 的分布律为

$$P\{\xi = j, \eta = i\} = P\{\xi = j\} P\{y = i | \xi = j\}$$
$$= \frac{C_j^{k-1}}{C_{n+1}^k} \cdot \frac{C_{j-i}^{k-2}}{C_{j+1}^{k-1}}, \quad i = 0, 1, 2, \cdots, j+2-k, \quad j = k-1, k, k+1, \cdots, n$$
$$\tag{1.11.68}$$

在 (2) 中, (ξ, η) 的分布律为

$$P\{\xi = j, \eta = i\} = P\{\xi = j\} P\{\eta = i | \xi = j\}$$
$$= \frac{C_{i-1}^{k-1}}{C_{m+n}^k} \cdot \frac{C_{j-i}^{k-2}}{C_j^{k-1}}, \quad i = 1, 2, \cdots, j+2-k, \quad j = k, k+1, \cdots, m+n$$
$$\tag{1.11.69}$$

于是得

$$\sum_{j=k-1}^{n} \sum_{i=0}^{j+2-k} C_j^{k-1} C_{j-i}^{k-2} / C_{j+1}^{k-1} = C_{n+1}^k \tag{1.11.70}$$

$$\sum_{j=k}^{m+n} \sum_{i=1}^{j+2-k} C_{j-1}^{k-1} C_{j-i}^{k-2} / C_j^{k-1} = C_{m+n}^k \tag{1.11.71}$$

又因在 (1) 中, (ξ, η) 的分布律为

$$P\{\xi = j, \eta = i\} = C_{j-1-i}^{k-2} / C_{n+1}^k, \quad i = 0, 1, 2, \cdots, j-k+1, \quad j = k-1, k, \cdots, n$$
$$\tag{1.11.72}$$

1.11 一些组合公式的概率证明

于是得

$$\sum_{j=k-1}^{n}\sum_{i=0}^{j-k-n} C_{j-1-i}^{k-2} = C_{n+1}^{k} \tag{1.11.73}$$

因在 (2) 中, (ξ,η) 的分布律为

$$P\{\xi=j,\eta=i\} = C_{j-1-i}^{k-2}/C_{m+n}^{k}, \quad i=1,2,\cdots,j-k+1, \quad j=k,k+1,\cdots,m+n \tag{1.11.74}$$

于是得

$$\sum_{j=k}^{m+n}\sum_{i=1}^{j-k+1} C_{j-1-i}^{k-2} = C_{m+n}^{k} \tag{1.11.75}$$

由 (1.11.70) 式与 (1.11.73) 式, 得

$$\sum_{i=0}^{j+2-k} C_{j}^{k-1} C_{j-i}^{k-2} = \sum_{i=0}^{j+1-k} C_{j-1-i}^{k-2} C_{j+1}^{k-1}, \quad i+k-1 \leqslant j, k \geqslant 2 \tag{1.11.76}$$

由 (1.11.71) 式与 (1.11.75) 式, 得

$$\sum_{i=1}^{j+2-k} C_{j-1}^{k-1} C_{j-i}^{k-2} = \sum_{i=0}^{j+1-k} C_{j-1-i}^{k-2} C_{j}^{k-1}, \quad i+k-1 \leqslant j, k \geqslant 2 \tag{1.11.77}$$

如果从 $0,1,2,\cdots,n$ 中不放回随机取出 k 个数 (k 是奇数), 设 ξ,η,ζ 分别为 k 个数中的最大数、最小数与中间那个数, 则 $(\xi,\zeta),(\zeta,\eta)$ 的分布律分别为

$$P\{\xi=j,\zeta=i\} = C_{i}^{(k-1)/2} C_{j-i-1}^{(k-3)/2}/C_{n+1}^{k},$$
$$i=(k-1)/2,(k+1)/2,\cdots,j-(k-1)/2, \quad j=k-1,k,k+1,\cdots,n \tag{1.11.78}$$

$$P\{\zeta=i,\eta=j\} = C_{n-i}^{(k-1)/2} C_{i-j-1}^{(k-3)/2}/C_{n+1}^{k}, \quad k \text{ 为奇数}$$
$$i=j+(k-1)/2,j+(k+1)/2,\cdots,n-(k-1)/2, \quad j=0,1,2,\cdots,n-k+1 \tag{1.11.79}$$

从而得

$$\sum_{j=k-1}^{n}\sum_{i=(k-1)/2}^{j-(k-1)/2} C_{i}^{(k-1)/2} C_{j-i-1}^{(k-3)/2} = C_{n+1}^{k}, \quad k(3 \leqslant k \leqslant n) \text{ 为奇数} \tag{1.11.80}$$

$$\sum_{j=0}^{n-k+1} \sum_{i=j+(k-1)/2}^{n-(k-1)/2} C_{n-i}^{(k-1)/2} C_{i-j-1}^{(k-3)/2} = C_{n+1}^k, \quad k \text{ 为奇数} \qquad (1.11.81)$$

如果从 $1,2,3,\cdots,m+n$ 中不放回随机取出 k 个数 (k 为奇数), 且设 ξ,η,ζ 分别为取出的 k 个数中最大数、最小数和中间那个数, 则 (ξ,ζ) 与 (ζ,η) 的分布律分别为

$$P\{\xi=j,\zeta=i\} = C_{i-1}^{(k-1)/2} C_{j-i-1}^{(k-3)/2} / C_{m+n}^k,$$
$$i = (k+1)/2, (k+3)/2, \cdots, j-(k-1)/2,$$
$$j = k, k+1, \cdots, m+n, \quad 且 \ k(3 \leqslant k \leqslant m+n) \text{ 为奇数} \qquad (1.11.82)$$

$$P\{\zeta=i,\eta=j\} = C_{m+n-i}^{(k-1)/2} C_{i-j-1}^{(k-3)/2} / C_{m+n}^k,$$
$$i = j+(k-1)/2, j+(k+1)/2, \cdots, m+n-(k-1)/2,$$
$$j = 1,2,3,\cdots,m+n-k+1, \quad k(3 \leqslant k \leqslant m+n) \text{ 为奇数} \qquad (1.11.83)$$

于是得

$$\sum_{j=k}^{m+n} \sum_{i=(k+1)/2}^{j-(k-1)/2} C_{i-1}^{(k-1)/2} C_{j-i-1}^{(k-3)/2} = C_{m+n}^k, \quad k(3 \leqslant k \leqslant m+n) \text{ 为奇数} \qquad (1.11.84)$$

$$\sum_{j=1}^{m+n-k+1} \sum_{i=j+(k-1)/2}^{m+n-(k-1)/2} C_{m+n-i}^{(k-1)/2} C_{i-j-1}^{(k-3)/2} = C_{m+n}^k, \quad k(3 \leqslant k \leqslant m+n) \text{ 为奇数}$$
$$(1.11.85)$$

当 $k = m = n$ 时, 上两式分别变为

$$\sum_{j=1}^{2n} \sum_{i=(n+1)/2}^{j-(n-1)/2} C_{i-1}^{(n-1)/2} C_{j-i-1}^{(n-3)/2} = C_{2n}^n, \quad n(3 \leqslant n) \text{ 为奇数} \qquad (1.11.86)$$

$$\sum_{j=1}^{n+1} \sum_{i=j+(n-1)/2}^{2n-(n-1)/2} C_{2n-i}^{(n-1)/2} C_{i-j-1}^{(n-3)/2} = C_{2n}^n, \quad n(3 \leqslant n) \text{ 为奇数} \qquad (1.11.87)$$

1.11.3 由其他概率模型得到的组合公式

1. 由鞋子配对问题得到的组合公式

从 n 双不同号码的鞋子中随机取出 k 只, 用 ξ 表示取出的 k 只鞋子中配对数,

1.11 一些组合公式的概率证明

则 ξ 能取的值为 $0, 1, 2, \cdots, [k/2]$, 且

$$P\{\xi = i\} = C_n^i C_{n-i}^{k-2i} (C_2^1)^{k-2i} / C_{2n}^k, \quad i = 0, 1, 2, \cdots, [k/2], \quad 0 < k \leqslant n$$

故得

$$\sum_{i=0}^{[k/2]} C_n^i C_{n-i}^{k-2i} (C_2^1)^{k-2i} = C_{2n}^k, \quad 0 < k \leqslant n \quad (1.11.88)$$

如果在上式中 $k = n+1$, 则表示从 n 双不同的鞋子中随机取 $n+1$ 只, 这时取出的鞋子中至少有 1 双配对, 也即 ξ 能取的值为 $1, 2, 3, \cdots, [(n+1)/2]$, 从而得

$$\sum_{i=1}^{[(n+1)/2]} C_n^i C_{n-i}^{n+1-2i} (C_2^1)^{n+1-2i} = C_{2n}^{n+1} \quad (1.11.89)$$

一般地有 (从 n 双中取 $n+k$ 只)

$$\sum_{i=k}^{[(n+k)/2]} C_n^i C_{n-i}^{n+k-2i} (C_2^1)^{n+k-2i} = C_{2n}^{n+k}, \quad 0 < k \leqslant n \quad (1.11.90)$$

2. 由三同问题得到的组合公式

鞋子配对问题实际上是二同问题. 考虑了二同问题自然会考虑三同问题.

设红桃、方块、草花各 n 张牌, 编号均从 1 到 n, 现从中不放回随机取 k 张, 设 ξ 为取出的 k 张牌中三同数, 则 ξ 能取的值为 $0, 1, 2, \cdots, [k/3]$, 且 ξ 的分布律为

$$P\{\xi = i\} = C_n^i \sum_{i=0}^{[(k-3i)/2]} C_{n-i}^j (C_3^2)^i C_{n-i-j}^{k-3i-2j} (C_3^1)^{k-3i-2j} / C_{3n}^k, \quad i = 0, 1, \cdots, [k/3]$$

$$(1.11.91)$$

从而得

$$\sum_{i=0}^{[k/3]} C_n^i \sum_{j=0}^{[(k-3i)/2]} C_{n-i}^i C_{n-i-j}^{k-3i-2j} 3^{k-3i-2k} (C_3^2)^j = C_{3n}^k, \quad 0 < k \leqslant 2n \quad (1.11.92)$$

当 $k = 2n + t \leqslant 3n$ 时, 类似于 (1.11.90) 式 (把 t 换成 k, 把上式中的 k 换成 $2n+k$), 得

$$\sum_{i=k}^{[(2n+k)/3]} C_n^i \sum_{j=0}^{[(2n+k-3i)/2]} C_{n-i}^j (C_3^2)^j C_{n-i-j}^{2n+k-3i-2j} 3^{2n+k-3i-2j} = C_{3n}^{2n+k}, \quad 0 < k \leqslant n$$

$$(1.11.93)$$

3. 由四同问题得到的组合公式

设黑桃、红桃、方块、草花各 n 张牌，编号均从 1 到 n，现从中不放回随机取出 k 张，用 ξ 表示取出的 k 张牌的四同数，则 ξ 的分布律为

$$P\{\xi=i\} = C_n^i \left(C_4^4\right)^i \sum_{j=0}^{[(k-4i)/3]} C_{n-i}^j \left(C_4^3\right)^j \sum_{t=0}^{[(k-4i-3j)/2]} C_{n-i-j}^i \left(C_4^2\right)^i C_{n-i-j-t}^{k-4i-3j-2t}$$

$$\cdot \left(C_4^1\right)^{k-4i-3j-2t} / C_{4n}^k, \quad i=0,1,2,\cdots,[k/4], \quad 0<k\leqslant 3n$$

从而得

$$\sum_{i=0}^{[k/4]} C_n^i \sum_{j=0}^{[(k-4i)/3]} C_{n-i}^j \left(C_4^3\right)^j \sum_{t=0}^{[(k-4i-3j)/2]} C_{n-i-j}^i \left(C_4^2\right)^i C_{n-i-j-t}^{k-4i-3j-2t} 4^{k-4i-3j-2t}$$

$$= C_{4n}^k, \quad 0<k\leqslant 3n \tag{1.11.94}$$

对于五同与五同以上问题讨论起来太复杂了，读者有兴趣自己可以去讨论，这里就不详细叙述了．

4. 由二维超几何分布得到的组合公式

设黑、白、红球分别有 m,n,r 个，现从中不放回随机取 k 个，设 ξ,η 分别表示取出的 k 个球中的黑、白球数，则 (ξ,η) 的分布律为

$$P\{\xi=i,\eta=j\} = C_m^i C_n^j C_r^{k-i-j} / C_{m+n+r}^k, \quad i=0,1,2,\cdots,k+j, \quad j=0,1,2,\cdots,k$$

从而得

$$\sum_{j=0}^{k} \sum_{i=0}^{k+j} C_m^i C_n^j C_r^{k-i-j} = C_{m+n+r}^k, \quad k=0,1,2,\cdots,m+n+r \tag{1.11.95}$$

当 $k=m=n=r$ 时，得

$$\sum_{j=0}^{n} \sum_{i=0}^{n+j} C_n^i C_n^j C_n^{r-i-j} = C_{3n}^n \tag{1.11.96}$$

如果上述的摸球是放回的，则 (ξ,η) 的分布律为

$$P\{\xi=i,\eta=j\} = C_k^i C_{k-i}^j m^i n^j r^{k-i-j} / (m+n+r)^k,$$

$$i = 0, 1, 2, \cdots, k+i, \quad j = 0, 1, 2, \cdots, k$$

从而得

$$\sum_{j=0}^{k}\sum_{i=0}^{k+j} C_k^i C_{k-i}^j m^i n^j r^{k-i-j} = (m+n+r)^k \tag{1.11.97}$$

当 $m = n - r$ 时, 得 $\sum\limits_{j=0}^{k}\sum\limits_{i=0}^{k+j} C_k^i C_{k-i}^j m^k = (3m)^k$, 即

$$\sum_{j=0}^{k}\sum_{i=0}^{k+j} C_k^i C_{k-i}^j = 3^k \tag{1.11.98}$$

当 $m = 3r, n = 2r$ 时, 得

$$\sum_{j=0}^{k}\sum_{i=0}^{k+j} C_k^i C_{k-i}^j 3^i 2^j = 6^k \tag{1.11.99}$$

5. 由取到与没取到问题得到的组合公式

从 $m+1$ 个不同的数中不放回随机取 n 个, 设 x 为 $m+1$ 个数中的一个数, 则取出的 n 个数中含有 x 的概率为 $C_1^1 C_m^{n-1}/C_{m+1}^n$, 不含有 x 的概率为 C_m^n/C_{m+1}^n, 又因为取出的 n 个数中要么含有 x, 要么不含有 x, 只有这两种情况, 所以, $C_m^{n-1}/C_{m+1}^n + C_m^n/C_{m+1}^n = 1$, 即

$$C_m^{n-1} + C_m^n = C_{m+1}^n \tag{1.11.100}$$

上式直接证明也简单.

如果 x 与 y 都是上述 $m+1$ 个数中的两个数, 则取出的 n 个数中可能既含有 x 又含有 y, 也可能只含 x, 也可能只含 y, 也可能既不含 x, 也不含 y, 其概率分别为

$$C_2^2 C_{m-1}^{n-2}/C_{m+1}^n, \quad C_1^1 C_{m-1}^{n-1}/C_{m+1}^n, \quad C_1^1 C_{m-1}^{n-1}/C_{m+1}^n, \quad C_{m-1}^n/C_{m+1}^n$$

于是得 $\left(C_{m-1}^{n-2} + 2C_{m-1}^{n-1} + C_{m-1}^n\right)/C_{m+1}^n = 1$, 即

$$C_{m-1}^{n-2} + C_2^1 C_{m-1}^{n-1} + C_{m-1}^n = C_{m+1}^n \tag{1.11.101}$$

一般地, 设 $x_1, x_2, \cdots, x_k$ 为 $m+1$ 个数中不同的 k 个数, $1 \leqslant k \leqslant n \leqslant m+1-k$, 并设 ξ 为取出的 n 个数中含有诸 x 的个数, 则 ξ 的分布律为

$$P\{\xi = i\} = C_k^i C_{m+1-k}^{n-i}/C_{m+1}^n, \quad i = 0, 1, 2, \cdots, k \tag{1.11.102}$$

从而得
$$\sum_{i=0}^{k} C_k^i C_{m+1-k}^{n-i} = C_{m+1}^n, \quad 1 \leqslant k \leqslant n \leqslant m+1-k \tag{1.11.103}$$

由 (1.11.100) 式递推, 得
$$\sum_{i=0}^{n} C_{m-i}^{n-i} = C_{m+1}^n = \sum_{i=0}^{m+1-n} C_{m-i}^{n-1}, \quad 1 \leqslant n \leqslant m \tag{1.11.104}$$

再加上由分赌注问题得到的组合公式, 我们用概率模型证明了一百多个组合公式. 这一百多个组合公式, 几乎包含了所有常用的**组合公式**. 因此, 我们实际上给出了一份组合公式手册.

1.12 S 不 等 式 [1]

定理 1.12.1 设 $g(x,y)$ 为区域 $A \subset \mathbf{R}^2$ 上的二维连续向上凹的凸函数, 即
$$g\left(\frac{x_1+x_2}{2}, \frac{y_1+y_2}{2}\right) \leqslant \frac{1}{2}[g(x_1,y_1) + g(x_2,y_2)]$$

如果随机向量 (ξ,η) 只取值于 A, 且 $E(\xi), E(\eta), E[g(\xi,\eta)]$ 都存在, 则
$$g[E(\xi), E(\eta)] \leqslant E[g(\xi,\eta)] \tag{1.12.1}$$

称此式为 S 不等式.

证明 因为曲面 $z = g(x,y)$ 是向上凹的, 故对于该曲面上的任一点 $(x_0, y_0, g(x_0, y_0))$ 过该点至少可作一张平面使得曲面 $z = g(x,y)$ 全在该平面的上方, 设该平面的法线方向数为 $a(x_0, y_0), b(x_0, y_0), c(x_0, y_0)$, 并以 (x,y,z) 表示平面上的点, 则该平面的方程为
$$z = g(x_0, y_0) + \frac{a(x_0, y_0)}{c(x_0, y_0)}(x_0 - x) + \frac{b(x_0, y_0)}{c(x_0, y_0)}(y_0 - y)$$

取 $x_0 = E(\xi), y_0 = E(\eta)$, 再令 $x = \xi, y = \eta$, 由上凹性得
$$g(\xi,\eta) \geqslant g[E(\xi), E(\eta)] + \frac{a[E(\xi), E(\eta)]}{c[E(\xi), E(\eta)]}(E\xi - \xi)$$
$$+ \frac{b[E(\xi), E(\eta)]}{c[E(\xi), E(\eta)]}(E\eta - \eta)$$

两边取数学期望即得 (1.12.1) 式.

如果定理 1.12.1 中的 $g(x,y)$ 为向上凸的, 其他条件不变, 则

$$g[E(\xi), E(\eta)] \geqslant E[g(\xi, \eta)] \tag{1.12.2}$$

例如, 设 (ξ, η) 服从单位圆上的均匀分布随机向量, 因为 $e^{-\frac{1}{2}(x^2+y^2)}$ 是向上凸的函数, 由 (1.12.2) 式得

$$E\left[e^{-\frac{1}{2}(x^2+y^2)}\right] \leqslant e^{-\frac{1}{2}[(E\xi)^2+(E\eta)^2]}$$

事实上, 因为

$$\begin{aligned}E(\xi) &= \int_{-1}^{1} \frac{x}{\pi} \left[\int_{-\sqrt{1-x^2}}^{\sqrt{1-x^2}} dy\right] dx \\ &= \int_{-1}^{1} \frac{2x\sqrt{1-x^2}}{\pi} dx = 0\end{aligned}$$

同时 $E(\eta) = 0$, 又因

$$\begin{aligned}E\left[e^{-\frac{1}{2}(\xi^2+\eta^2)}\right] &= \iint_{x^2+y^2 \leqslant 1} \frac{1}{\pi} e^{-\frac{1}{2}(x^2+y^2)} dxdy \\ &= \frac{1}{\pi} \int_0^{2\pi} d\theta \int_0^1 \rho e^{-\rho^2/2} d\rho = 2\left(1 - e^{-\frac{1}{2}}\right)\end{aligned}$$

所以有

$$E\left[e^{-\frac{1}{2}(\xi^2+\eta^2)}\right] = 2\left(1 - e^{-\frac{1}{2}}\right) < 1 = \left[e^{-\frac{1}{2}(E\xi)^2+(E\eta)^2}\right]$$

1.13 离散型随机变量的密度函数定义及其在反演公式中的应用[1]

设离散型随机变量 X 具有分布列

$$p_k = P\{X = x_k\}, \quad k = 1, 2, 3, \cdots$$

则 X 的分布函数 $F(x)$ 可表示为

$$F(x) = \sum_{k=1}^{\infty} p_k \mu(x - x_k)$$

其中,
$$\mu(x) = \begin{cases} 1, & x > 0 \\ 0, & x \leqslant 0 \end{cases}$$

显然, 当 $x \neq 0$ 时, $\mu'(x) = 0$, 而当 $x = 0$ 时, $\mu(x)$ 关于 x 的导数不存在. 但是, 在工程上, 把 $\dfrac{d\mu(x)}{dx}$ 记为 $\delta(x)$, 即 $\delta(x) = \dfrac{d\mu(x)}{dx}$, 并称之为狄拉克函数, 简称为 δ 函数. 实际上, 它是一种广义函数. 它有如下三个性质:

(1) 当 $x \neq 0$ 时, $\delta(x) = 0$, 当 $x = 0$ 时, $\delta(x) = \infty$;

(2) $\delta(-x) = \delta(x)$, 即 $\delta(x)$ 具有偶性;

(3) 对任意无穷次可微 (或连续) 函数 $f(x)$ 有
$$\int_{-\infty}^{\infty} f(x)\delta(x)dx = f(0)$$

如果 x_0 为 $f(x)$ 的第一类间断点则有
$$\int_{-\infty}^{\infty} f(x)\delta(x-x_0)dx = \frac{1}{2}[f(x_0+0) + f(x_0-0)]$$

特别有 $\int_{-\infty}^{\infty} \delta(x)dx = 1$.

有了 $\delta(x)$ 函数, 仿照连续型随机变量的分布函数与其密度函数之间的关系, 我们可以定义离散型随机变量的密度函数.

定义 1.13.1 对上面 X 的分布, 记
$$f(x) = \sum_{k=1}^{\infty} p_k \delta(x - x_k) \tag{1.13.1}$$

称 $f(x)$ 为离散型随机变量 X 的密度函数.

显然有 (这里认为积分与求和次序可以交换)
$$\int_{-\infty}^{\infty} f(x)dx = \int_{-\infty}^{\infty} \sum_{k=1}^{\infty} p_k \delta(x-x_k)dx = 1$$
$$E(X) = \int_{-\infty}^{\infty} xf(x)dx = \sum_{k=1}^{\infty} x_k p_k$$

且 X 的特征函数 $\varphi(x)$ 为
$$\varphi(x) = \int_{-\infty}^{\infty} e^{itx} f(x)dx = \sum_{k=1}^{\infty} e^{itx_k} p_k$$

1.13 离散型随机变量的密度函数定义及其在反演公式中的应用

定理 1.13.1 设 $\varphi(t), f(x)$ 分别为上述离散型随机变量 X 的特征函数与密度函数, 则有

$$f(x) = \frac{1}{2\pi}\int_{-\infty}^{\infty} e^{-itx}\varphi(t)dt \tag{1.13.2}$$

证明 设 X 的密度函数为 $f(x) = \sum_k p_k \delta(x - x_k)$, 则其特征函数 $\varphi(t) = \sum_k e^{itx_k} p_k$. 又因为 $\delta(x)$ 的 (广义) 傅里叶变换为

$$F(\omega) = \int_{-\infty}^{\infty} e^{i\omega x}\delta(x) = 1$$

所以, 其傅里叶逆变换为

$$\delta(x) = \frac{1}{2\pi}\int_{-\infty}^{\infty} e^{-i\omega x}F(\omega)d\omega = \frac{1}{2\pi}\int_{-\infty}^{\infty} e^{-i\omega x}d\omega$$

即

$$\int_{-\infty}^{\infty} e^{-i\omega x}d(\omega) = 2\pi\delta(x)$$

从而

$$\begin{aligned}\frac{1}{2\pi}\int_{-\infty}^{\infty} e^{-itx}\varphi(\omega)dt &= \frac{1}{2\pi}\int_{-\infty}^{\infty} e^{-itx}\sum_k e^{itx_k}p_k dt \\ &= \frac{1}{2\pi}\sum_k p_k \int_{-\infty}^{\infty} e^{it(x_k - x)}dt = \frac{1}{2\pi}\sum_k p_k \cdot 2\pi\delta(x_k - x) \\ &= \sum_k p_k \delta(x_k - x) = f(x)\end{aligned}$$

对于连续型随机变量的特征函数 $\varphi(t)$ 与密度函数 $f(x)$, 前人已证明 (1.13.2) 式成立, 这样, 无论 X 为离散型随机变量还是连续型随机变量, 其密度函数 $f(x)$ 与其特征函数 $\varphi(t)$ 恰好是一傅里叶变换对, 即

$$\begin{cases}\varphi(t) = \int_{-\infty}^{\infty} e^{itx}f(x)dx \\ f(x) = \frac{1}{2\pi}\int_{-\infty}^{\infty} e^{-itx}\varphi(x)dt\end{cases} \tag{1.13.3}$$

从而, 解决了长期一直没有解决的离散型随机变量的特征函数的反演问题.

例 1.13.1 设 X 的特征函数为 $\varphi(t) = (q + pe^{it})^n$, $q = 1 - p$, 求 X 的概率分布.

解 由 (1.13.2) 式, 得 X 的密度函数

$$f(x) = \frac{1}{2\pi}\int_{-\infty}^{\infty} e^{-itx}\varphi(t)dt = \frac{1}{2\pi}\int_{-\infty}^{\infty} e^{-itx}\sum_{k=0}^{n} C_n^k p^k q^{n-k} e^{itx}dx$$

$$= \frac{1}{2\pi}\sum_{k=0}^{n} C_n^k p^k q^{n-k}\int_{-\infty}^{\infty} e^{it(x-k)}dt$$

$$= \sum_{k=0}^{n} C_n^k p^k q^{n-k}\delta(x-k)$$

即 $P\{X=k\} = C_n^k p_k q^{n-k}, k = 0,1,2,\cdots,n$, 也即 $X \sim B(n,p)$.

例 1.13.2 设 (1) $\varphi(t) = \cos t$, (2) $\varphi(t) = \sum_{k=0}^{\infty} a_k \cos kt, a_k \geqslant 0, k = 0,1,2,\cdots$, 分别求相应的分布.

解 (1) 由 (1.13.2) 式, 得

$$f(x) = \frac{1}{2\pi}\int_{-\infty}^{\infty} e^{-itx}\cos t dt$$

$$= \frac{1}{4\pi}\int_{-\infty}^{\infty} e^{-itx}(e^{it} + e^{-it})dt$$

$$= \frac{1}{4\pi}\int_{-\infty}^{\infty} [e^{-i(x-1)t} + e^{-i(x+1)t}]dt$$

$$= \frac{1}{4\pi}\sum_{k=0}^{\infty}\int_{-\infty}^{\infty} [e^{-i(x-k)t} + e^{-i(x+k)t}]dt$$

$$= \frac{1}{2}\delta(x-1) + \frac{1}{2}\delta(x+1)$$

即 X 有分布列

X	-1	1
P	$\frac{1}{2}$	$\frac{1}{2}$

(2) 由 (1.13.2) 式, 得

$$f(x) = \frac{1}{2\pi}\int_{-\infty}^{\infty} e^{itx}\sum_{k=0}^{\infty} a_k(e^{itk} + e^{-itk})/2\, dt$$

$$= \frac{1}{4\pi}\sum_{k=0}^{\infty}\int_{-\infty}^{\infty} a_k[e^{-i(x-k)t} + e^{-i(x+k)t}]dt$$

1.13 离散型随机变量的密度函数定义及其在反演公式中的应用

$$= \sum_{k=0}^{\infty} a_k [\delta(x-k) + \delta(x+k)]/2$$

$$= a_0 \delta(x) + \sum_{k=1}^{\infty} a_k \delta(x-k)/2 + \sum_{k=1}^{\infty} a_k \delta(x+k)/2$$

即 X 有分布列

$$P\{X=0\} = a_0, \quad P\{X=\pm k\} = a_k/2, \quad k=1,2,\cdots$$

第 2 讲 数理统计方面的成果

2.1 抽样分布定理的另一证明 [2]

定理 2.1.1 设总体 $\xi \sim N(a, \sigma^2)$, $\xi_1, \cdots, \xi_n$ 为总体 ξ 的样本, 则

(1) $\bar{\xi} \sim N\left(a, \dfrac{\sigma^2}{n}\right)$;

(2) $\bar{\xi}$ 与 S^2 相互独立;

(3) $\dfrac{nS^2}{\sigma^2} \sim \chi^2(n-1)$.

证明 设 $\boldsymbol{\xi} = (\xi_1, \cdots, \xi_n)^{\mathrm{T}}$, $B = \left(\dfrac{1}{n}, \dfrac{1}{n}, \cdots, \dfrac{1}{n}\right)$, $D = \left[\left(\delta_{ij} - \dfrac{1}{n}\right)\right]_{n \times n}$, $\theta^{\mathrm{T}} = (a, a, \cdots, a)$, 其中 $\delta_{ij} = \begin{cases} 1, & i = j, \\ 0, & i \neq j, \end{cases}$ 则

$$\xi \sim N_n(\theta, \sigma^2 I_n), \quad \bar{\xi} = B\xi, \quad nS^2 = \boldsymbol{\xi}' D \boldsymbol{\xi}$$

(1) 由 [2] 中引理 1.2.3 知 $\bar{\xi} \sim N(B\theta, B\sigma^2 I_n B') = N\left(a, \dfrac{\sigma^2}{n}\right)$;

(2) 因为 $BD = 0$ 且 $D' = D$, 由 [2] 中定理 1.2.3 知, $\bar{\xi}$ 与 nS^2 独立, 从而 $\bar{\xi}$ 与 S^2 独立;

(3) 因为

$$nS^2 = \xi' D \xi = \sum_{i=1}^{n} (\xi_i - \bar{\xi})^2$$

$$= \sum_{i=1}^{n} \left[(\xi_i - a) - (\bar{\xi} - a)\right]^2$$

$$= (\xi - \theta)^{\mathrm{T}} D (\xi - \theta) \quad (\text{又因 } D^2 = D)$$

由 [2] 中推论 1.2.4 知, $\dfrac{nS^2}{\sigma^2} = \dfrac{(\xi - \theta)' D (\xi - \theta)}{\sigma^2} \sim \chi^2(\operatorname{tr}(D)) = \chi^2(n-1)$, 定理证毕.

2.2 贝叶斯定理的正规方程法证明 [2]

定理 2.2.1 如果损失函数为

$$L(\theta, d(\xi_1, \cdots, \xi_n)) = [\theta - d(\xi_1, \cdots, \xi_n)]^2$$

且 $E[\theta - d(\xi_1, \cdots, \xi_n)]^2 < \infty$, 则参数 θ 的贝叶斯估计量为

$$\bar{d}(\xi_1, \cdots, \xi_n) = E[\theta | \xi_1, \cdots, \xi_n]$$

证明 为方便起见, 记 $\xi = (\xi_1, \cdots, \xi_n)^{\mathrm{T}}$, 得

$$\begin{aligned} B(d) &= E[L(\theta, d)] = E[\theta - d(\xi)]^2 \\ &= E\left(E\left\{[\theta - d(\xi)]^2 | \xi\right\}\right) \end{aligned}$$

因为 $B(d)$ 在 G 中达到最小, 几乎处处等价于 $E\left\{[\theta - d(\xi)]^2 | \xi\right\}$ 在 G 中达到最小, 而

$$\begin{aligned} &E\left\{[\theta - d(\xi)]^2 | \xi\right\} \\ =& E\left(\theta^2 | \xi\right) - 2d(\xi) E(\theta | \xi) + [d(\xi)]^2 \end{aligned}$$

对上式关于 $d(\xi)$ 求导数, 并令其为 0 得正规方程, 解此方程得

$$d(\xi) = E(\theta | \xi)$$

故当 $d(\xi) = E(\theta|\xi)$ 时, 上式左端达到最小, 即当 $d(\xi) = E(\theta|\xi)$ 时 $B(d)$ 达到最小. 或者因为 $B(d) = E[\theta - d(\xi)]^2$, 由条件数学期望性质: $E\left\{[\xi - E(\xi|\eta)^2]\right\} \leqslant E[\xi - g(\eta)]^2$ 立得: 当 $d(\xi) = E(\theta|\xi)$ 时 $B(d)$ 达到最小, 于是本定理得证.

2.3 有效估计量存在唯一性充要条件定理及其应用 [2]

定理 2.3.1 设总体 ξ 是有密度函数 $f(x;\theta)$ 的连续型随机变量, θ 为未知参数, $\theta \in \Theta, \xi_1, \cdots, \xi_n$ 为 ξ 的样本, $T(\xi_1, \cdots, \xi_n)$ 为可估计函数 $g(\theta)$ 的无偏估计量. 如果

(1) Θ 为实数域 **R** 中的开区间且集合 $\{x : f(x;\theta) > 0\}$ 与 θ 无关;

(2) $\dfrac{\partial}{\partial \theta} f(x;\theta)$ 存在, 且 $I(\theta) \equiv E_\theta \left[\dfrac{\partial}{\partial \theta} \ln f(\xi;\theta) \right]^2 > 0$;

(3) $g'(\theta)$ 存在, 且

$$g'(\theta) = \int_{-\infty}^{\infty} \cdots \int_{-\infty}^{\infty} T(x_1, x_2, \cdots, x_n) \frac{\partial}{\partial \theta} \left[\prod_{i=1}^{n} f(x_i;\theta) \right]^2 dx_1 \cdots dx_n$$

$$\cdot \frac{\partial}{\partial \theta} \int_{-\infty}^{\infty} \cdots \int_{-\infty}^{\infty} \left[\prod_{i=1}^{n} f(x_i;\theta) \right] dx_1 \cdots dx_n$$

$$= \int_{-\infty}^{\infty} \cdots \int_{-\infty}^{\infty} \frac{\partial}{\partial \theta} \left[\prod_{i=1}^{n} f(x_i;\theta) \right] dx_1 \cdots dx_n$$

则

(1) 可估计函数 $g(\theta)$ 的有效估计量存在且为 $T(\xi_1, \cdots, \xi_n)$ 的充分必要条件是 $\dfrac{\partial}{\partial \theta} \ln L(\theta)$ 可化为形式 $C(\theta)[T - g(\theta)]$, 即

$$\frac{\partial}{\partial \theta} \ln L(\theta) = C(\theta)[T - g(\theta)], \quad \text{a.s.} \tag{2.3.1}$$

其中 $C(\theta) \neq 0$ 是与样本无关的数, 且 $E_\theta(T) = g(\theta)$.

(2) 如果 (2.3.1) 式成立, 则

$$D_\theta(T) = [g'(\theta)]^2 / nI(\theta) = g'(\theta)/C(\theta)$$

从而

$$I(\theta) = \frac{C(\theta) g'(\theta)}{n}$$

特别地, 当 $g(\theta) = \theta$ 时, 有 $D_\theta(T) = \dfrac{1}{nI(\theta)} = \dfrac{1}{C(\theta)}$, $I(\theta) = \dfrac{C(\theta)}{n}$.

(3) 可估计函数的有效估计量是唯一的.

2.3 有效估计量存在唯一性充要条件定理及其应用

(4) 可估计函数 $g(\theta)$ 的有效估计量一定是 $g(\theta)$ 的唯一极大似然估计量.

证明 (1) 由柯西–施瓦茨不等式中等号成立的充要条件, $g(\theta)$ 的有效估计量存在且为 $T(\xi_1, \xi_2, \cdots, \xi_n)$

$$\iff D_\theta(T) = \frac{[g'(\theta)]^2}{nI(\theta)}$$

$$\iff \frac{\partial}{\partial \theta} \ln L(\theta) = C(\theta)[T - g(\theta)], \quad \text{a.s.}$$

其中 $C(\theta) \neq 0$ 是与样本无关的数且 $T(\xi_1, \xi_2, \cdots, \xi_n)$ 为 $g(\theta)$ 的无偏估计量.

(2) 由式 (2.3.1) 与 (1) 知, 有 $D_\theta(T) = \dfrac{[g'(\theta)]^2}{nI(\theta)}$, 又因由 R-C 不等式证明知

$$Z = \frac{\partial}{\partial \theta} \ln L(\theta)$$

$$E_\theta(Z) = 0, \quad E_\theta(Z^2) = D_\theta(Z) = nI(\theta)$$

$$Z^2 = C(\theta)[T - g(\theta)]Z$$

所以

$$[\ln I(\theta)]^2 = \left[E_\theta(Z^2)\right]^2 = C^2(\theta)(E_\theta\{[T - g(\theta)]Z\})^2$$

$$= C^2(\theta) E_\theta\left(Z^2\right) D_\theta(T)$$

$$= C^2(\theta) nI(\theta) \cdot \frac{[g'(\theta)]^2}{nI(\theta)}$$

$$= C^2(\theta) [g'(\theta)]^2$$

因为 $I(\theta) > 0$, 所以 $C(\theta)$ 与 $g'(\theta)$ 符号相同, 两边开平方, 从而得

$$\frac{1}{C(\theta)} = \frac{g'(\theta)}{nI(\theta)}$$

于是得

$$\frac{[g'(\theta)]^2}{nI(\theta)} = \frac{g'(\theta)}{C(\theta)}$$

(3) 设 $T_1(\xi_1, \xi_2, \cdots, \xi_n), T_2(\xi_1, \xi_2, \cdots, \xi_n)$ 均为 $g(\theta)$ 的有效估计量, 则由 (1) 与 (2), 有

$$Z = \frac{nI(\theta)}{g'(\theta)}[T_1 - g(\theta)], \quad Z = \frac{nI(\theta)}{g'(\theta)}[T_2 - g(\theta)]$$

所以得 $T_1 = T_2$, a.s..

(4) 因为 $\dfrac{\partial}{\partial \theta} \ln L(\theta)$ 是似然方程的左端, 再由 (1) 立证 (4).

例 2.3.1　设总体 $\xi \sim B(1,p)$, 求未知参数 p 的有效估计量.

解　因为 $\dfrac{\partial}{\partial \theta} \ln L(p) = \dfrac{n\bar{\xi}}{p} - \dfrac{n - n\bar{\xi}}{1 - p} = \dfrac{n}{p(1-p)}(\bar{\xi} - p)$, 又因 $E(\xi) = p$, 故 $\hat{p} = \bar{\xi}$ 是 p 的有效估计量, 且 $C(p) = \dfrac{n}{p(1-p)}$, 故 p 的 R-C 下界为 $\dfrac{1}{nI(p)} = \dfrac{p(1-p)}{n}$, 信息量 $I(p) = \dfrac{1}{p(1-p)}$.

为说话方便, 这里求有效估计量和信息量的方法统称为 S 法.

例 2.3.2　设总体 $\xi \sim P(\lambda)$, 求未知参数 λ 的有效估计量.

解　因为 $\dfrac{\partial}{\partial \theta} \ln L(\lambda) = -n + \dfrac{n\bar{\xi}}{\lambda} = \dfrac{n}{\lambda}(\bar{\xi} - \lambda)$, 且 $E(\xi) = \lambda$, 所以 $\hat{\lambda} = \bar{\xi}$ 为 λ 的有效估计量, 且 $C(\lambda) = \dfrac{n}{\lambda}$.

故 λ 的 R-C 下界为 $\dfrac{1}{nI(\lambda)} = \dfrac{\lambda}{n}$.

例 2.3.3　设总体 $\xi \sim N(a, \sigma^2)$, 试讨论未知参数 a, σ^2 的有效估计量.

解　因 $\dfrac{\partial}{\partial a} \ln L(a, \sigma^2) = \dfrac{1}{\sigma^2} \sum_{i=1}^{n}(\bar{\xi} - a)$, 且 $E(\xi) = a$, 所以 $\hat{a} = \bar{\xi}$ 为 a 的有效估计量, 且 a 的 R-C 下界为

$$\dfrac{1}{nI(a)} = \dfrac{\sigma^2}{n}$$

又因

$$\dfrac{\partial}{\partial \sigma^2} \ln L(a, \sigma^2) = \dfrac{n}{2\sigma^4}\left[\dfrac{1}{n}\sum_{i=1}^{n}(\xi_i - a)^2 - \sigma^2\right]$$

虽然 $E\left[\dfrac{1}{n}\sum_{i=1}^{n}(\xi_i - a)^2\right] = \sigma^2$, 但是 $\dfrac{1}{n}\sum_{i=1}^{n}(\xi_i - a)^2$ 不是统计量, 因其中含有未知参数 a, 所以 σ^2 的有效估计量不存在. 当 a 已知时, $\widehat{\sigma^2} = \dfrac{1}{n}\sum_{i=1}^{n}(\xi_i - a)^2$ 是 σ^2 的有效估计量, 且 σ^2 的 R-C 下界为 $\dfrac{1}{nI(\sigma^2)} = \dfrac{2\sigma^4}{n}$.

例 2.3.4　设总体 $\xi \sim \Gamma(1, \lambda)$, 求可估计函数 $g(\lambda) = \dfrac{1}{\lambda}$ 的有效估计量.

解　因为 $\dfrac{\partial}{\partial \lambda} \ln L(\lambda) = \dfrac{n}{\lambda} - n\bar{\xi} = -n\left(\bar{\xi} - \dfrac{1}{\lambda}\right)$, 又 $E(\xi) = \dfrac{1}{\lambda}$, 所以 $g(\lambda)$ 的有效估计量为 $\widehat{g}(\lambda) = \bar{\xi}$, 且 $g(\lambda)$ 的 R-C 下界为

$$\dfrac{[g'(\lambda)]^2}{nI(\lambda)} = \dfrac{g'(\lambda)}{C(\lambda)} = \dfrac{1}{n\lambda^2}$$

2.4 一般离散分布和超几何分布参数的极大似然估计

定理 2.3.2 有如下应用.

(1) 在正态条件下最小二乘估计量也是有效估计量 [2].

(2) 在 $(n, 无, 数)$ 截尾指数分布寿命试验中, $S(t_r)/r$ 是 $1/\lambda$ 的有效、充分、均方一致估计量, 在 $(n, 有, 数)$ 截尾指数分布寿命试验中, nt_r/r 是 $1/\lambda$ 的有效、充分、均方一致估计量 [2], 其中 λ 是指数分布的未知参数, r 为截尾数, t_r 为试验停止时间, $S(t_r) = t_1 + t_2 + \cdots + (n-r)t_r$.

2.4 一般离散分布和超几何分布参数的极大似然估计 [5]

2.4.1 一般离散分布参数的极大似然估计

对于二项分布、几何分布和负二项分布的参数的极大似然估计, 我们会求. 但是, 对于一般离散分布, 例如

$$P\{X = a_k\} = p_k, \quad k = 1, 2, 3, \quad 0 < p_k < 1, \quad \sum_{k=1}^{3} p_k = 1$$

该如何求诸参数 p_k 的极大似然估计呢? 这里首先碰到的问题是: 如何表示参数的似然函数? 为此, 我们先引进一个新函数: 单位脉冲函数 (也称为 S 函数)

$$\alpha(x) = \begin{cases} 1, & x = 0 \\ 0, & x \neq 0 \end{cases}$$

定义 2.4.1 记

$$f(x) = \prod_{k=1}^{3} p_k^{\alpha(x-a_k)} \tag{2.4.1}$$

则称 $f(x)$ 为该离散分布的概率函数. 从而其似然函数为

$$L(p_1, p_2) = \prod_{i=1}^{n} \left[\prod_{k=1}^{3} p_k^{\alpha(x_i - a_k)} \right] = p_1^{n_1} p_2^{n_2} (1 - p_1 - p_2)^{n_3}$$

其中 n_1, n_2, n_3 分别为样本取值 a_1, a_2, a_3 的次数.

其似然方程为

$$\begin{cases} \dfrac{\alpha}{\alpha p_1}[\ln L(p_1,p_2)] = \dfrac{n_1}{p_1} - \dfrac{n_3}{1-p_1-p_2} = \dfrac{(n_1+n_3)\left(\dfrac{n_1-n_1p_2}{n_1+n_2}-p_1\right)}{p_1(1-p_1-p_2)} = 0 \\ \dfrac{\alpha}{\alpha p_2}[\ln L(p_1,p_2)] = \dfrac{n_2}{p_2} - \dfrac{n_3}{1-p_1-p_2} = \dfrac{(n_2+n_3)\left(\dfrac{n_2-n_2p_1}{n_2+n_3}-p_2\right)}{p_2(1-p_1-p_2)} = 0 \end{cases}$$
(2.4.2)

解之, 得 p_1, p_2 的极大似然估计量分别为

$$\hat{p}_1 = \dfrac{n_1 n_3}{n_1 n_3 + n_2 n_3 + n_3^2}, \quad \hat{p}_2 = \dfrac{n_2 n_3}{n_1 n_3 + n_2 n_3 + n_3^2}$$

因为 $n_1 + n_2 + n_3 = n$, 所以, $\hat{p}_1 = n_1/n, \hat{p}_2 = n_2/n$, 从而 $\hat{p}_3 = n_3/n$.

因为 n_k 为样本取值 a_k 的次数, 而当某个样品取值 a_k 时, 其概率为 p_k, 所以

$$P\{n_k = i\} = C_n^i p_k^i (1-p_k)^{n-k}, \quad i = 0,1,2,\cdots,n$$

即 $n_k \sim B(n, p_k)$, 从而 $E(\hat{p}_k) = E\left(\dfrac{n_k}{n}\right) = p_k, k=1,2,3$. 即 $\hat{p}_k$ 是 p 的无偏估计量, 又因

$$D(\hat{p}_k) = D\left(\dfrac{n_k}{n}\right) = p_k(1-p_k)/n \to 0 \quad (当 n \to \infty 时)$$

故 $\hat{p}_k$ 是 p_k 的无偏、均方一致估计量. 但是由 (2.4.2) 式知, $\hat{p}_k$ 的有效估计量不存在. 特别地, 当总体 X 分布为

X	a	b
P	$1-p$	p

$0 < p < 1$

时, 类似得似然方程:

$$\dfrac{\alpha}{2p}\ln L(p) = \dfrac{n_b}{p} - \dfrac{n_a}{1-p} = \dfrac{n(n_b/n - p)}{p(1-p)} = 0 \tag{2.4.3}$$

其中 n_a, n_b 分别为样本取值 a, b 的次数, $n_a + n_b = n$, 且类似地, $n_b \sim B(n,p)$, $E(n_b) = np$, 解似然方程 (2.4.3), 得 p 的极大似然估计量 $\hat{p} = n_b/n$. 因 $E(n_b/n) = p$, 由定理 2.3.1 知, n_b/n 是 p 的有效估计量. 又 $D(\hat{p}) = p(1-p)/n \to 0$(当 $n \to \infty$ 时), 故 n_b/n 是 p 的有效、均方一致估计量.

2.4 一般离散分布和超几何分布参数的极大似然估计

当 k 为大于 3 的某正整数 N 时,类似可得参数 p_k 的极大似然估计量 $\hat{p}_k = n_k/n, k = 1, 2, \cdots, N$,只不过这时需解 $N-1$ 个极大似然方程构成的方程组.

这里,必须强调,由 S' 函数定义的离散分布的概率函数具有一般性. 对二项分布、几何分布、负二项分布也适用. 例如,设总体 $X \sim B(N, p)$,则其概率函数为 $\prod\limits_{k=0}^{N}\left[C_N^k p^k (1-p)^{n-k}\right]^{\alpha(x_i-k)}$,从而其似然函数 $L(P)$ 为

$$L(p) = \prod_{i=1}^{n}\left[\prod_{k=0}^{N} C_N^k p^k (1-p)^{N-k}\right]^{\alpha(x_i-k)}$$

$$\propto (1-p)^{N\sum\limits_{i=1}^{n}\alpha(x_i)} \cdot \left[p(1-p)^{N-1}\right]^{\sum\limits_{i=1}^{n}\alpha(x_i-1)}$$

$$\cdot \left[p^2(1-p)^{N-2}\right]^{\sum\limits_{i=1}^{n}\alpha(x_i-2)} \cdots p^{N\sum\limits_{i=1}^{n}\alpha(x_i-N)}$$

$$= (1-p)^{Nn_0}\left[p(1-p)^{n_1}\right]\left[p^2(1-p)^{N-2}\right]^{n_2}\cdots\left[p^N\right]^{n_N}$$

$$= p^{n_1+2n_2+3n_3+\cdots+Nn_N}(1-p)^{Nn_0+(N-1)n_1+(N-2)n_2+\cdots+n_{N-1}}$$

其中,$n_0, n_1, n_2, \cdots, n_N$ 分别是样本取值 $0, 1, 2, \cdots, N$ 的次数,故 $\sum\limits_{i=0}^{N} n_i = n$,又 $\sum\limits_{i=0}^{n} x_i = \sum\limits_{i=0}^{n} in = n\bar{x}$,所以 $L(P) \propto p^{n\bar{x}}(1-p)^{Nn-n\bar{x}}$,从而,其似然方程为

$$\frac{\partial}{\partial p}\ln L(P) = \frac{n\bar{x}}{p} - \frac{n(N-\bar{x})}{1-p} = \frac{nN(\bar{x}/N - p)}{p(1-p)} = 0$$

解之,得 p 的极大似然量 $\hat{p} = \bar{X}/N$. 其中 $x_1, x_2, \cdots, x_n$ 是样本 $X_1, X_2, \cdots, X_n$ 的观察值,在试验之前,$\bar{x}$ 是 $\bar{X}$,是随机变量. 又因 n_i 为 n 个样品取值 i 的次数,$E(\bar{X}/N) = \frac{1}{nN} E\left(\sum\limits_{i=1}^{n} x_i\right) = p$,由 (2.3.1) 式知,$\hat{p} = \bar{X}/N$ 还是 p 的有效估计量.

用类似的方法可求得几何分布与负二项分布的参数的极大似然估计量. 只不过复杂些罢了.

2.4.2 超几何分布参数的极大似然估计

设总体 X 服从超几何分布,即

$$P\{X = k\} = C_M^k C_{N-M}^{m-k}/C_N^m, \quad k = 0, 1, 2, \cdots, \min(M, m)$$

m, M, N 均为正整数, N 已知, $m < N, M < N$, 现求未知参数 M 的极大似然估计量 $\bar{M}$.

求 $\bar{M}$ 的困难不仅是求 M 的似然函数 $L(M)$, 而且更难是如何对 $\ln L(M)$ 或对 $L(M)$ 关于 M 求导数.

由于极大似然原理是: 使样本获得最大概率的参数值作为未知参数的估计值. 又超几何分布的直观背景是: 一袋中有黑白两种球共 N 个, 黑球 M 个, 白球 $N-M$ 个, 但是 M 未知. 现在从中不放回地取 m 个球, 用 ξ 表示取出的 m 个球中的黑球数, 则 ξ 就服从上述的超几何分布. 既然从 N 个球中不放回一次取 m 个其中有 k 个黑球的概率为 $C_M^k C_{N-M}^{m-k}/C_N^m$, 那么我们自然就取 M 的似然函数为 $C_M^k C_{N-M}^{m-k}/C_N^m$, 即 $L(M) = C_M^k C_{N-M}^{m-k}/C_N^m$. 又因

$$\frac{L(M)}{L(M-1)} = \frac{MN + M - M^2 + kM - mM}{MN + M - M^2 + kM - k(N+1)}$$

当 $mM > k(N+1)$ 时, $L(M) < L(M-1)$, 反之, $L(M) > L(M-1)$, 所以 $L(M)$ 在 $M = k(N+1)/m$ 处获得最大, 故取 M 的极大似然估计量为 $X_1(N+1)/m$, 其中 X_1 为总体 X 的容量为 1 的样本, 由于 M 为正整数, 而 $X_1(N+1)/m$ 却未必是正整数, 所以, M 极大似然估计量取为 $\hat{M} = [X_1(N+1)/m]$.

如果重复进行 n 次试验, 获得样本 $X_1, X_2, \cdots, X_n$, 则 M 的极大似然估计量应该为 $\left[\dfrac{\bar{X}(N+1)}{m}\right]$, 即 $\hat{M} = \left[\dfrac{\bar{X}(N+1)}{m}\right]$.

2.5 求置信区间和拒绝域的待定实数法 (来自 [2], 1992 年)

现以下面两个例子来介绍待定实数法.

例 2.5.1 设总体 $\xi \sim N(a, \sigma^2)$, σ^2 已知, $\xi_1, \xi_2, \cdots, \xi_n$ 为 ξ 的样本. 求 a 的区间估计, 就是要求 a 的置信度为 $1-a$ 的精度最高的置信区间.

因为 $\bar{\xi}$ 是 a 的最小方差无偏估计量, 所以通常 $\bar{\xi}$ 与 a 很接近, 即通常 $|\bar{\xi} - a|$ 较小, 也就是存在正数 c, 通常有

$$|\bar{\xi} - a| < c$$

2.5 求置信区间和拒绝域的待定实数法 (来自 [2], 1992 年)

从而
$$\bar{\xi} - c < a < \bar{\xi} + c$$

即 a 的置信区间应为
$$(\bar{\xi} - c, \bar{\xi} + c)$$

一般简记为 $(\bar{\xi} \pm c)$, 其中正数 c 依赖于置信度 $1-\alpha$, 当 $1-\alpha$ 选定后, 现来确定 c. 因为 $U \equiv \dfrac{\bar{\xi} - a}{\sigma/\sqrt{n}} \sim N(0,1)$, 所以由 $1-\alpha$ 的定义有

$$\begin{aligned}
1 - \alpha &= P\{\bar{\xi} - c < a < \bar{\xi} + c\} = P\{|\bar{\xi} - a| < c\} \\
&= P\left\{|U| < \frac{c}{\sigma/\sqrt{n}}\right\} \\
&= \Phi\left(\frac{c}{\sigma/\sqrt{n}}\right) - \Phi\left(-\frac{c}{\sigma/\sqrt{n}}\right) = 2\Phi\left(\frac{c}{\sigma/\sqrt{n}}\right) - 1
\end{aligned}$$

即
$$\Phi\left(\frac{c}{\sigma/\sqrt{n}}\right) = 1 - \alpha/2$$

查标准正态表得 $u_{1-\alpha/2}$, 使得 $\Phi(u_{1-\alpha/2}) = 1 - \alpha/2$, 故 $\dfrac{c}{\sigma/\sqrt{n}} = u_{1-\alpha/2}$, 即 $c = \dfrac{\sigma}{\sqrt{n}} u_{1-\alpha/2}$, 从而 a 的 (置信度为) $1-\alpha$ 的置信区间为

$$\left(\bar{\xi} \pm \frac{\sigma}{\sqrt{n}} u_{1-\alpha/2}\right)$$

我们称此法为待定实数法 (注意: c 未必是常数).

例 2.5.2 在例 2.5.1 中, 如果 σ^2 也未知. 我们现讨论如下假设:

$$H_0: \sigma^2 = \sigma_0^2, \quad H_1: \sigma^2 \neq \sigma_0^2 \quad (\sigma_0^2 \text{已知})$$

因为拒绝域在实数轴上与置信区间互补, 所以求拒绝域时我们自然会想到也用待定实数法.

由于 $\tilde{S}^2 \equiv \dfrac{1}{n-1}\sum\limits_{i=1}^{n}(\xi_i - \bar{\xi})^2$ 是 σ^2 的最小方差无偏估计量, 所以 $\dfrac{\tilde{S}^2}{\sigma^2}$ 通常应接近 1, 从而, 当 H_0 成立时 $\dfrac{\tilde{S}^2}{\sigma_0^2}$ 应接近 1. 如果 $\dfrac{\tilde{S}^2}{\sigma_0^2}$ 较大或较小, 我们就不能认为

H_0 成立, 而应认为 H_1 成立 (这时, 我们没用 $\left|\tilde{S}^2 - \sigma_0^2\right|$, 而用 $\tilde{S}^2/\sigma_0^2$, 这是因为用 $\left|\tilde{S}^2 - \sigma_0^2\right|$ 没有统计量可利用). 因此, H_0 的拒绝域应该为

$$\left\{\frac{\tilde{S}^2}{\sigma_0^2} < C_1\right\} \bigcup \left\{\frac{\tilde{S}^2}{\sigma_0^2} > C_2\right\}, \quad C_2 > C_1$$

其中 C_1, C_2 由犯第一类错误的概率 α 确定.

当 α 选定后, 由于 $\dfrac{(n-1)\tilde{S}^2}{\sigma^2} \sim \chi^2(n-1)$, 所以当 H_0 成立时, 即 $\sigma^2 = \sigma_0^2$ 时有

$$\chi^2 \sim \frac{(n-1)\tilde{S}^2}{\sigma_0^2} \sim \chi^2(n-1)$$

又因 $C_2 > C_1$, 所以

$$\alpha = P\left\{\frac{\tilde{S}^2}{\sigma_0^2} < C_1 \text{ 或 } \frac{\tilde{S}^2}{\sigma_0^2} > C_2 \bigg| \sigma^2 = \sigma_0^2\right\} \equiv P_0\left\{\frac{\tilde{S}^2}{\sigma_0^2} < C_1\right\} + P_0\left\{\frac{\tilde{S}^2}{\sigma_0^2} > C_2\right\}$$

因为我们通常不知道 $P_0\left\{\dfrac{\tilde{S}^2}{\sigma_0^2} < C_1\right\}$ 与 $P_0\left\{\dfrac{\tilde{S}^2}{\sigma_0^2} > C_2\right\}$ 哪个大些, 故取 C_1, C_2 满足

$$\frac{\alpha}{2} = P_0\left\{\frac{\tilde{S}^2}{\sigma_0^2} < C_1\right\} = P_0\left\{\chi^2 < (n-1)C_1\right\}$$

$$\frac{\alpha}{2} = P_0\left\{\frac{\tilde{S}^2}{\sigma_0^2} > C_2\right\} = 1 - P_0\left\{\chi^2 < (n-1)C_2\right\}$$

即

$$1 - \frac{\alpha}{2} = P_0\left\{\chi^2 \leqslant (n-1)C_2\right\}$$

查 χ^2 分布表得下侧分位数 $\chi^2_{\alpha/2}(n-1), \chi^2_{1-\alpha/2}(n-1)$, 使得

$$\frac{\alpha}{2} = P_0\left\{\chi^2 < \chi^2_{\alpha/2}(n-1)\right\}$$

$$1 - \frac{\alpha}{2} = P_0\left\{\chi^2 \leqslant \chi^2_{1-\alpha/2}(n-1)\right\}$$

所以

$$C_1 = \frac{1}{n-1}\chi^2_{\alpha/2}(n-1)$$

$$C_2 = \frac{1}{n-1}\chi^2_{1-\alpha/2}(n-1)$$

于是得 H_0 的拒绝域为

$$\chi_0 = \left\{ \frac{(n-1)\tilde{S}^2}{\sigma_0^2} < \chi_{\alpha/2}^2(n-1) \text{ 或 } \frac{(n-1)\tilde{S}^2}{\sigma_0^2} > \chi_{1-\alpha/2}^2(n-1) \right\}$$

其他情况的置信区间和拒绝域类似可求 (见 [2]). 用待定实数法求置信区间和拒绝域既自然又合理.

第 3 讲 随机过程方面的成果

3.1 排队系统 Geo/Geo/· 的平均忙期 [5]

排队系统 Geo/Geo/· 是指:

(a) 顾客到达间隔时间序列 $\{J_j, j \geqslant 1\}$ 是一个独立随机变量序列, $J_j \sim \text{Geo}(\lambda_j)$, λ_j 是系统状态 (系统中的顾客数)j 的函数.

(b) 顾客的服务时间序列 $\{B_j, j \geqslant 1\}$ 也是一个独立随机变量序列, $B_j \sim \text{Geo}(\mu_j)$, μ_j 也是系统状态 j 的函数, 且 $\{B_j, j \geqslant 1\}$ 与 $\{J_j, j \geqslant 1\}$ 相互独立.

(c) 每个服务台的服务时间相互独立同分布. 系统中服务台数为任意正整数, 也可以为 ∞. 因此, Geo/Geo/· 包含 Geo/Geo/n, Geo/Geo/n/n, Geo/Geo/n/N($n \leqslant N$), Geo/Geo/∞ 等排队系统.

忙期是指: 从系统开始有一个顾客时起直到系统没有顾客时止这段时间, 记为 θ. k 阶忙期定义为从系统中有 k 个顾客时起到系统空 (没有顾客) 时止这段时间. 关于 Geo/Geo/· 系统的平均忙期, 我们有如下结论.

定理 3.1.1 设 W_j 是排队系统 Geo/Geo/· 的 j 阶忙期, 记 $E(W_j) = \omega_j, j \geqslant 0$, 则当 $\sum_{i=1}^{\infty} \rho_i < \infty, \sum_{i=1}^{\infty} \rho_i \omega_i < \infty$ 时, 有

$$E(\theta) = \omega_1 = \sum_{i=1}^{\infty} \rho_i = \frac{1}{\lambda_0}\left(\frac{1}{\pi_0} - 1\right)$$

其中,

$$\rho_1 = \frac{1}{\lambda_1 \mu_1}$$

$$\rho_i = \frac{\lambda_1 \bar{\mu}_1 \lambda_2 \bar{\mu}_2 \cdots \lambda_{i-1} \bar{\mu}_{i-1}}{\bar{\lambda}_1 \mu_1 \bar{\lambda}_2 \mu_2 \cdots \bar{\lambda}_i \mu_i}, \quad i \geqslant 2, \quad \bar{\lambda}_i = 1 - \lambda_i, \quad \bar{\mu}_i = 1 - \mu_i, \quad i = 1, 2, 3, \cdots$$

$$\pi_0 = \left[1 + \sum_{i=1}^{\infty} \frac{\lambda_0 \lambda_1 \cdots \lambda_{i-1}}{\mu_1 \mu_2 \cdots \mu_i}\right]^{-1}$$

3.1 排队系统 Geo/Geo/· 的平均忙期

λ_0 为队长 y 为零时平均到达率.

证明 设 α_j 是从系统中有 j 个顾客时起一直到有一个顾客到达系统时止这段时间,β_j 是从系统中有 j 个顾客时起一直到有一个顾客服务完离开系统时止这段时间. 由几何分布无记忆性知, $\alpha_j \sim \text{Geo}(\lambda_j)$, $\beta_j \sim \text{Geo}(\mu_j)$, 且 α_j 与 β_j 独立. 又 $\min(\alpha_j, \beta_j) \sim \text{Geo}(1 - \bar{\lambda}_j \bar{\mu}_j)$, 且 $P\{\alpha_j < \beta_j\} = \dfrac{\lambda_j \bar{\mu}_j}{1 - \bar{\lambda}_j \bar{\mu}_j}$, $P\{\alpha_j = \beta_j\} = \dfrac{\lambda_j \bar{\mu}_j}{1 - \bar{\lambda}_j \bar{\mu}_j}$, $P\{\alpha_j > \beta_j\} = \dfrac{\bar{\lambda}_j \mu_j}{1 - \bar{\lambda}_j \bar{\mu}_j}$, 因为从系统中的顾客数变为 j 时起, 经过时间 $\min(\alpha_j, \beta_j)$ 后, 系统中的顾客数必定要发生变化, 或者 $j \to j+1 (\alpha_j < \beta_j)$, 或者 $j \to j-1 (\alpha_j > \beta_j)$, 或者 $j \to j (\alpha_j = \beta_j)$. 由全数学期望公式, 有

$$E(W_j) = E[\min(\alpha_j \beta_j)] + E[W_j | \alpha_j < \beta_j] P\{\alpha_j < \beta_j\}$$
$$+ E[W_j | \alpha_j > \beta_j] P\{\alpha_j > \beta_j\} + E[W_j | \alpha_j = \beta_j] P\{\alpha_j = \beta_j\}$$

即

$$\omega_j = \frac{1}{\lambda_j \mu_j} + \omega_{j+1} \frac{\lambda_j \bar{\mu}_j}{1 - \bar{\lambda}_j \bar{\mu}_j} + \omega_{j-1} \frac{\bar{\lambda}_j \mu_j}{1 - \bar{\lambda}_j \bar{\mu}_j} + \omega_j \frac{\lambda_j \mu_j}{1 - \bar{\lambda}_j \bar{\mu}_j}$$

也即 $\omega_{j+1} - \omega_j = -\dfrac{1}{\lambda_j \bar{\mu}_j} + \dfrac{\bar{\lambda}_j \mu_j}{\lambda_j \bar{\mu}_j}(\omega_j - \omega_{j-1})$.

令 $Z_j = \omega_{j+1} - \omega_j, a_j = \lambda_j \bar{\mu}_j, b_j = \bar{\lambda}_j \mu_j, j \geqslant 0$, 得

$$Z_j = -\frac{1}{a_j} + \frac{b_j}{a_j} Z_{j-1}, \quad j \geqslant 1$$

因为 $\omega_0 = 0$ 所以, $Z_0 = \omega_1 = E(\theta)$.

递推得

$$Z_j = -\frac{1}{a_j \rho_j} \sum_{i=1}^{j} \rho_i + \frac{\omega_1}{a_j \rho_j}$$

因为 $Z_j \geqslant 0$, 所以, $\omega_1 \geqslant \sum\limits_{i=1}^{j} \rho_i$. 如果 $\sum\limits_{i=1}^{\infty} \rho_i = \infty$, 则 $\omega_j \geqslant \omega_1 \geqslant \infty$. 如果 $\sum\limits_{i=1}^{\infty} \rho_i < \infty$, 设 $u_0 = Z_0 = \omega_1$, $u_n = \dfrac{Z_n a_1 a_2 \cdots a_n}{b_1 b_2 \cdots b_n}, n \geqslant 1$, 则

$$\frac{b_1 b_2 \cdots b_n u_n}{a_1 a_2 \cdots a_n} = Z_n = -\frac{1}{a_n} + \frac{b_1 b_2 \cdots b_n u_n}{a_1 a_2 \cdots a_n} u_{n-1}$$

故 $u_n - u_{n-1} = -\dfrac{1}{a_n} \dfrac{a_1 a_2 \cdots a_n}{b_1 b_2 \cdots b_n} < 0 (n \geqslant 1)$, 即 u_n 递减.

又因 $u_0 - u_n = \sum_{i=1}^{n} \rho_i$, 所以

$$\omega_1 = u_0 = \lim_{n \to \infty} u_n + \sum_{i=1}^{\infty} \rho_i < \infty$$

注意到 $u_n = Z_n \rho_n \lambda_n \bar{\mu}_n$, $\sum_{i=1}^{\infty} \rho_i < \infty$ 和 $\sup_{n \geqslant 0} \{\lambda_n \bar{\mu}_n\} < 1$, 有 $\lim_{n \to \infty} \rho_n = 0$. 因为系统 Geo/Geo/· 的嵌入马尔可夫链是不可约、非周期、正常返的, 所以

$$0 < \omega_n < \infty, \quad n \geqslant 1. \quad \text{从而} \quad \omega_{n+1} = \sum_{i=0}^{n} Z_i < \infty$$

于是, $\sup_{n \geqslant 1}\{Z_n\} < \infty$ 且 $\lim_{n \to \infty} u_n = 0$, 从而得 $\omega_1 = \sum_{i=1}^{\infty} \rho_i$.

易见, 队长的转移概率为

$$p_{00} = \bar{\lambda}_0, \quad p_{01} = \lambda_0$$

$$p_{ij} = \begin{cases} \bar{\lambda}_i \mu_i, & j = i-1 \\ \lambda_i \bar{\mu}_i, & j = i+1 \\ \lambda_i \mu_i + \bar{\lambda}_i \bar{\mu}_i, & j = i, i \geqslant 1 \\ 0, & |j-i| \geqslant 2 \end{cases}$$

设 P 为队长的转移概率矩阵, $\pi' = \{\pi_0, \pi_1, \pi_2, \cdots\}$ 为队长平稳分布的行向量, 由平稳方程 $\pi = P'\pi$ 与 $\sum_{j \geqslant 0} \pi_j = 1$ 可解得

$$\pi_1 = \frac{\lambda_0 \pi_0}{\lambda_1 \mu_1} = \lambda_0 \rho_1 \pi_0, \quad \pi_i = \frac{\lambda_0 \lambda_1 \bar{\mu}_1 \lambda_2 \bar{\mu}_2 \cdots \lambda_{i-1} \bar{\mu}_{i-1}}{\bar{\lambda}_1 \mu_1 \bar{\lambda}_2 \mu_2 \cdots \bar{\lambda}_i \mu_i} \pi_0 = \lambda_0 \pi_0 \rho_i, \quad i \geqslant 1$$

从而, $\pi_0 = \left[1 + \lambda_0 \sum_{i \geqslant 1} \rho_i\right]^{-1}$.

故得类似于欧拉公式 $(\mathrm{e}^{2\pi \mathrm{i}} = 1)$ 的结果

$$\omega_1 = \frac{1}{\lambda_0}\left(\frac{1}{\pi_0} - 1\right)$$

称上式为 S 公式.

3.2 排队系统 $M/M/\cdot$ 的平均忙期 [3,6]

排队系统 $M/M/\cdot$ 是指:

(a) 顾客到达间隔时间序列 $\{J_j, j \geqslant 1\}$ 为独立随机序列, $J_j \sim \Gamma(1, \lambda_j)$, λ_j 是系统状态 j 的函数.

(b) 顾客的服务时间序列 $\{B_j, j \geqslant 1\}$ 也为独立随机序列, $B_j \sim \Gamma(1, \mu_j)$, μ_j 是系统状态 j 的函数, 且 $\{B_j, j \geqslant 1\}$ 与 $\{J_j, j \geqslant 1\}$ 相互独立.

(c) 每个服务台的服务时间相互独立同分布. 系统中的服务台数为任意正整数, 也可以为 ∞.

关于排队系统 $M/M/\cdot$ 的平均忙期, 有类似于系统 $Geo/Geo/\cdot$ 的结果.

定理 3.2.1 对于排队系统 $M/M/\cdot$, 当

$$\sum_{i=1}^{\infty} \rho_i < \infty$$

时平均忙期

$$E(\theta) = \omega_1 = \sum_{i=1}^{\infty} \rho_i = \frac{1}{\lambda_0} \left[\sum_{i=1}^{\infty} \frac{\lambda_0 \lambda_1 \cdots \lambda_{i-1}}{\mu_1 \mu_2 \cdots \mu_i} \right] = \frac{1}{\lambda_0} \left[\frac{1}{\pi_0} - 1 \right]$$

其中 $\rho_1 = \frac{1}{\mu_1}$, $\rho_i = \frac{\lambda_1 \lambda_2 \cdots \lambda_{i-1}}{\mu_1 \mu_2 \cdots \mu_i}, i \geqslant 2$, λ_0 为队长 y 为零时平均到达率,

$$\pi_0 = \left[1 + \sum_{i=1}^{\infty} \frac{\lambda_0 \lambda_1 \cdots \lambda_{i-1}}{\mu_1 \mu_2 \cdots \mu_i} \right]^{-1}$$

为队长 y 平稳概率 $P\{y = 0\}$.

证明 因为从系统转移到状态 j 时起, 经过 $\min(\alpha_j, \beta_j)$ 时间后其状态依概率为 1 要发生变化, 或者 $j \to j+1$ 或 $j \to j-1$, 再由指数分布的性质和全期望公式得 (设 W_j 为由状态 j 回到状态 0 的时间, $\omega_j = E(W_j)$)

$$\omega_j = B[\min(\alpha_j, \beta_j)] + E[W_j | \alpha_j < \beta_j] P\{\alpha_j < \beta_j\}$$

$$+ E[W_j | \alpha_j > \beta_j] P\{\alpha_j > \beta_j\}$$
$$= \frac{1}{\lambda_j + \mu_j} + \frac{\lambda_j}{\lambda_j + \mu_j} \omega_{j+1} + \frac{\mu_j}{\lambda_j + \mu_j} \omega_{j-1}, \quad j \geqslant 1$$

即
$$\omega_{j+1} - \omega_j = -\frac{1}{\lambda_j} + \frac{\mu_j}{\lambda_j}(\omega_j - \omega_{j-1}), \quad j \geqslant 1$$

因为 $\omega_0 = 0$, 所以由上式递推得
$$\omega_{j+1} - \omega_j = -\frac{1}{\lambda_j \rho_j} \sum_{i=1}^{j} \rho_i + \frac{1}{\lambda_j \rho_j} \omega_1 \tag{3.2.1}$$

因为 $\omega_{j+1} > \omega_j$, 所以, $\omega_1 > \sum_{i=1}^{j} \rho_i$, 故当 $\sum_{i=1}^{\infty} \rho_i = \infty$ 时, 对任意正整数 j, 有 $\omega_j \geqslant \omega_j = \infty$, 当 $\sum_{i=1}^{\infty} \rho_i < \infty$ 时, 记 $Z_n = \omega_{n+1} - \omega_m, n \geqslant 0, u_n = \frac{Z_n \lambda_1 \lambda_2 \cdots \lambda_n}{\mu_1 \mu_2 \cdots \mu_n}, n \geqslant 1, u_0 = z_0 = \omega_1$. 则有

$$z_0 = \frac{1}{\lambda_n} + \frac{\mu_n}{\lambda_n} z_{n-1}, \quad n \geqslant 1$$

$$\frac{\mu_1 \cdots \mu_n}{\lambda_1 \cdots \lambda_n} u_n = z_n = -\frac{1}{\lambda_n} + \frac{\mu_1 \cdots \mu_n}{\lambda_1 \cdots \lambda_n} u_{n-1}$$

$$\mu_n - \mu_{n-1} = -\frac{1}{\lambda_n} \cdot \frac{\lambda_1 \cdots \lambda_n}{\mu_1 \cdots \mu_n} = -\rho_n < 0, \quad n \geqslant 1$$

从而 $u_{n-1} > u_n \geqslant 0, n \geqslant 1$, 所以 $\lim_{n \to \infty} u_n$ 存在. 又因

$$u_0 - u_1 = \rho_1, u_1 - u_2 = \rho_2, \cdots, u_{n-1} - u_n = \rho_n, \cdots$$

所以 $u_0 - u_n = \sum_{i=1}^{n} \rho_i$, 从而 $\omega_1 = u_0 = \lim_{n \to \infty} u_n + \sum_{i=1}^{\infty} \rho_i < \infty$.

又因 $\sup_{j \geqslant 0} \{\lambda_j\} < \infty, u_n = \lambda_n Z_n \rho_n, \sum_{n \to \infty}^{\infty} \rho_i < \infty$, 所以 $\lim_{n \to \infty} \rho_n = 0$, 且系统 $M/M/\cdot$ 是遍历齐次不可约马氏链, 故其状态都是正常返的, 从而对任意正整数 n, 有 $0 < \omega_n < \infty$, 又 $\omega_{n+1} = \sum_{i=0}^{n} Z_i, Z_i > 0, i = 1, 2, \cdots$, 故 $\sup_{j \geqslant 1} \{Z_j\} < \infty$, 从而 $\lim_{j \geqslant 1} u_n = 0$, 于是 $\omega_1 = \sum_{i=1}^{\infty} \rho_i$. 又系统为生灭过程, 其转移概率 $p_{ij}(t)$ 为对 $\forall i, j \in$

3.2 排队系统 $M/M/\cdot$ 的平均忙期

$I = \{0, 1, 2, \cdots\}$,

$$\begin{cases} p_{i,j+1}(h) = \lambda_i h + o(h), & \lambda_i > 0 \\ p_{i,j-1}(h) = \mu_i h + o(h), & \mu_i > 0, \mu_0 = 0 \\ p_{ii}(h) = 1 - (\lambda_i + \mu_i) h + o(h), & \\ p_{ij}(h) = o(h), & |i-j| \geqslant 2 \end{cases}$$

易见

$$\begin{cases} q_i = \lambda_i + \mu_i \\ q_{i,i+1} = \lambda_i \\ \lambda_{i,i-1} = \mu_i \\ q_{ij} = 0, \quad |i-j| \geqslant 2 \end{cases}$$

所以, 其密度矩阵为

$$Q = [q_{ij}] = \begin{bmatrix} -\lambda_0 & \lambda_0 & 0 & 0 & 0 & 0 & \cdots \\ \mu_1 & -(\mu_1 + \lambda_1) & \lambda_1 & 0 & 0 & 0 & \cdots \\ 0 & \mu_2 & -(\mu_2 + \lambda_2) & \lambda_2 & 0 & 0 & \cdots \\ 0 & 0 & \mu_3 & -(\mu_3 + \lambda_3) & \lambda_3 & 0 & \cdots \\ \vdots & \vdots & \vdots & \vdots & \vdots & \vdots & \end{bmatrix}$$

又其平稳分布 $\{\pi_k, k \in I\}$(如存在) 满足方程

$$\sum_{k \in I} \pi_k q_{kj} = 0, \quad j \in I, \quad \sum_{k \in I} \pi_k = 1$$

即满足

$$\begin{cases} -(\mu_j + \lambda_j) \pi_j + \lambda_{j-1} \pi_{j-1} + \mu_{j+1} \pi_{j+1} = 0, & j = 1, 2, \cdots \\ -\lambda_0 \pi_0 + \mu_1 \pi_1 = 0 \\ \sum_{k \in I}^{\infty} \pi_k = 1 \end{cases}$$

由第一式得

$$\mu_{j+1} \pi_{j+1} - \lambda_j \pi_j = \mu_j \pi_j - \lambda_{j-1} \pi_{j-1}, \quad j = 1, 2, 3, \cdots$$

逐步递推, 再由第二式可得

$$\pi_k = \frac{\lambda_0 \lambda_1 \cdots \lambda_{k-1}}{\mu_1 \mu_2 \cdots \mu_k} \pi_0 \quad k = 1, 2, \cdots \tag{3.2.2}$$

再由 $\sum\limits_{k=0}^{\infty} \pi_k = 1$ 得

$$\pi_0 = \left(1 + \sum_{k=1}^{\infty} \frac{\lambda_0 \lambda_1 \cdots \lambda_{k-1}}{\mu_1 \mu_2 \cdots \mu_k}\right)^{-1} \tag{3.2.3}$$

从而知级数 $\sum\limits_{k=1}^{\infty} \frac{\lambda_0 \lambda_1 \cdots \lambda_{k-1}}{\mu_1 \mu_2 \cdots \mu_k} < \infty$. 反之, 如果 $\sum\limits_{k=1}^{\infty} \frac{\lambda_0 \lambda_1 \cdots \lambda_{k-1}}{\mu_1 \mu_2 \cdots \mu_k} < \infty$, 则生灭过程的平稳分布存在且由 (3.2.2) 式与 (3.2.3) 式确定. 将 (3.2.3) 式代入 (3.2.2) 式也得 S 公式

$$\omega_1 = \frac{1}{\lambda_0}\left(\frac{1}{\pi_0} - 1\right)$$

3.3 随机序列是伯努利随机过程的充要条件及其应用 [3,5]

定义 3.3.1 称随机序列 $\{N(n), n \geqslant 0\}$ 为参数是 $p(0 < p < 1)$ 的伯努利 (Bernoulli) 随机过程, 如果它满足下列三个条件:

(1) $N(0) = 0$.

(2) $\{N(n), n \geqslant 0\}$ 具有独立增量性. 即对任意 n 个满足:

$$k_n > k_{n-1} > k_{n-2} > \cdots > k_1 \geqslant 0 \quad \text{的整数} \quad k_n, k_{n-1}, \cdots, k_1$$

增量 $N(k_n) - N(k_{n-1}), N(k_{n-1}) - N(k_{n-2}), \cdots, N(k_2) - N(k_1)$ 相互独立.

(3) $N(n+m) - N(m) \sim B(n, p)$, 其中 m, n 均为非负整数. 即

$$P\{N(n+m) - N(m) = k\} = C_n^k p^k (1-p)^{n-k}, \quad k = 0, 1, 2, \cdots, n$$

上式表示在 n 个单位时间内恰好有 k 个事件发生 (出现) 的概率为 $C_n^k p^k q^{n-k}$, 其中 $q = 1 - p$. 设 τ_i 为第 i 个事件发生的时刻, $J_i = \tau_i - \tau_{i-1}$, 随机变量 J_i 取正整数值, $i = 1, 2, 3, \cdots$. 称 $\{J_i, i \geqslant 1\}$ 为过程 $\{N(n), n \geqslant 0\}$ 的到达间隔时间序列. 关于 $\{J_i, i \geqslant 1\}$ 和 $\{N(n), n \geqslant 0\}$ 有如下重要结论.

3.3 随机序列是伯努利随机过程的充要条件及其应用

定理 3.3.1 设 $\{J_i, i \geqslant 1\}$ 为输入随机序列 $\{N(n), n \geqslant 0\}$ 的到达间隔时间序列. 则 $J_i, i \geqslant 1$ 为独立同分布随机序列 (即 $J_1, J_2, \cdots, J_r, J_{r+1}, \cdots$ 为相互独立同分布随机变量), 且 $J_1 \sim \text{Geo}(p)$ 的充分必要条件是 $\{N(n), n \geqslant 0\}$ 为参数是 p 的伯努利过程.

证明 **充分性** 设 $\{N(n), n \geqslant 0\}$ 为伯努利过程, 对任意正整数 k, 由定义 3.3.1 有

$$P\{J_1 = k\} = \{N(k-1) = 0, N(k) = 1\} = P\{N(k) - N(k-1) = 1, N(k-1) = 0\}$$
$$= P\{N(k) - N(k-1) = 1\} P\{N(k-1) = 0\}$$
$$= C_1^1 p^1 q^{1-1} \cdot C_{k-1}^0 p^0 q^{k-1} = pq^{k-1}, \quad k = 1, 2, 3, \cdots$$

即 $J_1 \sim \text{Geo}(p)$.

又当 $n > 1$ 时, 对任意正整数 $k_1, k_2, \cdots, k_{n-1}, k$, 有

$$P\{J_n = k | J_i = k_i, 1 \leqslant i \leqslant n-1\}$$
$$= P\left\{N\left(\sum_{i=1}^{n-1} k_i + k\right) - N\left(\sum_{i=1}^{n-1} k_i + k - 1\right) = 1,\right.$$
$$\left. N\left(\sum_{i=1}^{n-1} k_i + k - 1\right) - N\left(\sum_{i=1}^{n-1} k_i\right) = 0\right\}$$
$$= P\left\{N\left(\sum_{i=1}^{n-1} k_i + k\right) - N\left(\sum_{i=1}^{n-1} k_i + k - 1\right) = 1\right\}$$
$$P\left\{N\left(\sum_{i=1}^{n-1} k_i + k - 1\right) - N\left(\sum_{i=1}^{n-1} k_i\right) = 0\right\}$$
$$= C_1^1 pq^{1-1} \cdot C_{k-1}^0 p^0 q^{k-1} = pq^{k-1}, \quad k = 1, 2, 3, \cdots$$

此时 J_n 与 $J_1, J_2, \cdots, J_{n-1}$ 相互独立, 且 $J_n \sim \text{Geo}(p)$, 再由 n 的任意性从而充分性得证.

必要性 由于 $\{J_i, i \geqslant 1\}$ 为独立同分布随机序列, 且 $J_n \sim \text{Geo}(p)$, 则对于整数 $n_{i+1} > n_i \geqslant 0$ 与 $n_{i+1} \geqslant k_{i+1} \geqslant k_i \geqslant 0, i = 1, 2, \cdots, m-1$, 有

$$P\{N(n_1) = k_1, N(n_2) = k_2, \cdots, N(n_m) = k_m\}$$

$$=C_{n_1}^{k_1}p^{k_1}q^{n_1-k_1}\prod_{i=2}^{m}C_{n_i-n_{i-1}}^{k_i-k_{i-1}}p^{k_i-k_{i-1}}q^{n_i-n_{i-1}-(k_i-k_{i-1})} \quad (3.3.1)$$

实际上, 当 $m=1$ 时, 因为 $\{N(n_1)\geqslant k_1\}=\{\tau_{k_1}\leqslant n_1\}$, 即在 n_1 个单位时间内发生的事件数大于等于 k_1 等价于第 k_1 个事件发生的时刻 τ_{k_1} 小于等于 n_1, 又因 $\tau_{k_1}=\sum_{i=1}^{k_1}J_i$, 所以,

$$P\{N(n_1)=k_1\}=P\{N(n_1)\geqslant k_1\}-P\{N(n_1)\geqslant k_1+1\}$$
$$=P\{\tau_{k_1}\leqslant n_1\}-P\{\tau_{k_11}\leqslant n_1\} \quad (\text{由 11.3 和分布})$$
$$=\sum_{j=k_1}^{n_1}C_{j-1}^{k_1-1}p^{k_1}q^{j-k_1}-\sum_{j=k_1+1}^{n_1}C_{j-1}^{k_1}p^{k_1+1}q^{j-k_1-1} \quad (\text{因为}\,p=1-q)$$
$$=\sum_{j=k_1}^{n_1}C_{j-1}^{k_1-1}p^{k_1}q^{j-k_1}-\sum_{j=k_1+1}^{n_1}C_{j-1}^{k_1}p^{k_1}q^{j-k_1-1}+\sum_{j=k_1+1}^{n_1}C_{j-1}^{k_1}p^{k_1}q^{j-k_1}$$
$$(\text{因为}\,C_{n_1-1}^{k_j-1}+C_{n_1-1}^{k_j}=C_{n_1}^{k_j})$$
$$=p^{k_1}C_{n_1-1}^{n_1-k_1}q^{n_1-k_1}-p^{k_1}\sum_{i=1}^{n_1-k_1-1}C_{k-1+i}^{k_1}q^i+\sum_{j=k_1+1}^{n_1}C_{j-1}^{k_1}p^{k_1}q^{j-k_1}$$
$$=p^{k_1}C_{n_1-1}^{n_1-k_1}q^{n_1-k_1}+C_{n_1-1}^{k_1}p^{k_1}q^{n_1-k_1}=\left(C_{n_1-1}^{n_1-k_1}+C_{n_1-1}^{k_1}\right)p^{k_1}q^{n_1-k_1}$$
$$=C_{n_1}^{k_1}p^{k_1}q^{n_1-k_1},\quad k_1=0,1,2,\cdots,n$$

假设 $m=t-1$ 时结论成立, 由全概率公式 (注意: 下面 j 的取值下限是 n_1-i+1, 上限是 $n_2-i-(k_2-k_1-1)$)

$$P\{N(n_1)=k_1,N(n_2)=k_2,\cdots,N(n_t)=k_t\}$$
$$=P\{\tau_{k_1}\leqslant n_1,\tau_{k_1+1}>n_1,\tau_{k_2}\leqslant n_2,\tau_{k_2+1}>n_2,\cdots,\tau_{k_t}\leqslant n_t,\tau_{k_t+1}>n_t\}$$
$$=\sum_{i=k_1}^{n_1}P\{J_{k_1+1}>n_1-i,J_{k_1+1}+\cdots J_{k_2}\leqslant n_2-i,$$
$$J_{k_1+1}+\cdots+J_{k_2+1}\geqslant n_2-i,J_{k_1+1}+\cdots+J_{k_t+1}\geqslant n_t-i,$$
$$J_{k_1}+\cdots+J_{k_t+1}>n_t-i\}P\{\tau_{k_1}=i\}$$
$$(\text{令}\,R=n_2-i-(k_2-k_1-1))$$
$$=\sum_{i=k_1}^{n_1}\sum_{j=n_1-i+1}^{R}P\{J_{k_1+2}+\cdots+J_{k_2}\leqslant n_2-i-j,$$

3.3 随机序列是伯努利随机过程的充要条件及其应用

$$J_{k_1+2} + \cdots + J_{k_2+1} \geqslant n_2 - i - j, \cdots,$$

$$J_{k_1+2} + \cdots + J_{k_t} \leqslant n_t - i - j, J_{k_1+2} + \cdots + J_{k_t+1} > n_t - i - j\} P\{J_{k_1+1} = j\}$$

$$= \sum_{i=k_1}^{n_1} \sum_{j=n_1-i+1}^{R} P\{\tau_{k_2-k_1-1} \leqslant n_2 - i - j,$$

$$\tau_{k_2-k_1} > n_2 - i - j, \cdots,$$

$$\tau_{k_t-k_1-1} \leqslant n_t - i - j, \tau_{k_t-k_1} > n_t - i - j\} \cdot P\{\tau_{k_1} = i\} P\{J_{k_1+1} = k\}$$

$$= \sum_{i=k_1}^{n_1} \sum_{j=n_1-i+1}^{R} P\{N(n_2 - i - j) = k_2 - k_1 - 1, \cdots$$

$$N(n_t - i - j) = k_t - k_1 - 1\} P\{\tau_{k_1} = i\} P\{J_{k_1+1} = j\} \text{(由归纳假设)}$$

$$= \sum_{i=k_1}^{n_1} \sum_{j=n_1-i+1}^{R} C_{n_2-i-j}^{k_2-k_1-1} p^{k_2-k_1-1} q^{n_2-i-j-k_2+k_1+1}$$

$$\prod_{r=3}^{t} C_{n_r-n_{r-1}}^{k_r-k_{r-1}-1} p^{k_r-k_{r-1}} q^{n_r-n_{r-1}-(k_r-k_{r-1})} \cdot C_{i-1}^{k_1-1} p^{k_1} q^{i-k_1} \cdot pq^{j-1}$$

$$= \prod_{r=3}^{t} C_{n_r-n_{r-1}}^{k_r-k_{r-1}-1} p^{k_r-k_{r-1}} q^{n_r-n_{r-1}-(k_r-k_{r-1})}$$

$$\sum_{i=k_1}^{n_1} \sum_{j=n_1-i+1}^{n_2-i-(k_2-k_1-1)} C_{n_2-i-j}^{k_2-k_1-1} C_{i-1}^{k_1-1} p^{k_2} q^{n_2-k_2}$$

令 $j - n_1 + i - 1 = m$, 则

$$\sum_{j=n_1-i+1}^{n_2-i-(k_2-k_1-1)} C_{n_2-i-j}^{k_2-k_1}$$

$$= \sum_{m=0}^{(n_2-n_1)-(k_2-k_1)} C_{n_2-n_1-1-m}^{n_2-n_1-(k_2-k_1)-m}$$

$$\left(\text{由公式} \sum_{j=0}^{k} C_{n-j}^{k-j} = C_{n+1}^{k} \right)$$

$$= C_{n_2-n_1}^{n_2-n_1-(k_2-k_1)} = C_{n_2-n_1}^{k_2-k_1}$$

由公式 $\sum_{j=0}^{k} C_{n+j}^{n} = C_{n+1+k}^{k}$, 令 $i - k_1 = m, \sum_{i=k_1}^{n_1} C_{i-1}^{k_1-1} = \sum_{m=0}^{n_1-k_1} C_{k_1-1+m}^{k_1-1} = C_{n_1}^{k_1}.$

所以,

$$P\{N(n_1) = k_1, N(n_2) = k_2, \cdots, N(n_t) = k_t\}$$

$$=C_{n_1}^{k_1}p^{k_1}q^{n-k_1}\prod_{r=2}^{t}C_{n_r-n_{r-1}}^{k_r-k_{r-1}}p^{k_r-k_{r-1}}q^{(n_r-n_{r-1})-(k_r-k_{r-1})}$$

此示, 当 $m=t$ 时, (3.3.1) 式也成立. 由数学归纳法, (3.3.1) 式得证.

现在来证 $\{N(n),n\geqslant 0\}$ 是伯努利过程. 对任意非负整数 n 和 $k(n\geqslant k)$, 由上可知

$$P\{N(n=k)\}=C_n^k p^k q^{n-k},\quad k=0,1,\cdots,n$$

所以, $P\{N(0)>0\}=\sum_{k=1}^{\infty}P\{N(0)=k\}=0$, 从而

$$P\{N(0)>0\}=0,\quad 即\quad N(0)=0$$

又因对任意非负整数 m,n 和 $k(n\geqslant k)$, 由全概率公式和 (3.3.1) 式, 得

$$P\{N(m+n)-N(m)=k\}=\sum_{i=0}^{m}P\{N(m+n)=k+i,N(m)=i\}$$

$$=\sum_{i=0}^{m}C_m^i p^i q^{m-1}\cdot C_{m+n-m}^{ki-j}p^{k+i-i}q^{n-k}=C_n^k p^k q^{n-k},\quad k=0,1,\cdots,n$$

又对 m 个整数: $n_m>n_{m-1}>\cdots>n_1>n_0=0$ 和满足:

$$\sum_{i=1}^{l}k_i\leqslant n_l(l=1,2,\cdots,m)\quad 的非负整数\quad k_1,k_2,\cdots,k_m$$

由 (3.3.1) 式, 得

$$P\{N(n_1)-N(n_0)=k_1,N(n_2)-N(n_1)=k_2,\cdots,N(n_m)-N(n_{m-1})=k_m\}$$
$$=P\left\{N(n_1)=k_1,N(n_2)=k_1+k_2,\cdots,N(n_m)=\sum_{i=1}^{m}k_i\right\}$$
$$=C_{n_1}^{k}p^{k_1}q^{n_1-k_1}\prod_{i=2}^{m}C_{n_i-n_{i-1}}^{k_i}p^{k_i}q^{n_i-n_{i-1}-k_i}$$
$$=\prod_{i=2}^{m}P\{N(n_i)-N(n_{i-1})=k_i\}$$

这说明, $\{N(n),n\geqslant 0\}$ 的增量具有独立性, 由定义 3.3.1, 必要性得证.

定理 3.3.1 有很多应用.

应用 3.3.1 在截尾试验中几何分布参数 $q(=1-p)$ 的估计

为了搞清楚产品的寿命分布和推断其分布中的参数,常常要进行寿命试验.寿命试验按样品的失效情况可分为两类.一类叫做完全寿命试验,这类试验要进行到投试样品全部失效为止.这类试验的优点是可以获得比较完整的数据,统计分析结果也比较可靠.缺点是往往要很长时间,有的甚至要几年、几十年时间.实际当中一般不被采用(也很难采用),而采用截尾寿命试验.截尾寿命试验只要进行到投试样品中有部分失效就停止.这类试验的缺点是只能获得部分数据,但是,如果能充分利用这些数据提供的信息,其统计分析的结果仍然是比较可靠的.截尾寿命试验分为定时截尾寿命试验与定数截尾寿命试验两种.考虑到试验中失效样品是否允许用相同产品替换,定时截尾寿命试验又分为无替换与有替换两种,定数截尾寿命试验也分为无替换与有替换两种,即

$(n, 无, 时)$——取 n 个产品进行无替换定时截尾寿命试验.

$(n, 无, 数)$——取 n 个产品进行无替换定数截尾寿命试验.

$(n, 有, 时)$——取 n 个产品进行有替换定时截尾寿命试验.

$(n, 有, 数)$——取 n 个产品进行有替换定数截尾寿命试验.

注意:这里的"替换"是指当样品失效时立即用相同产品把它替换下来.

求几何分布参数 q 极大似然估计与贝叶斯估计(在贝叶斯假设下)的关键是求出似然函数.这是件非常麻烦的事情.但是有了定理 3.3.1 求似然函数又变成很简单的事了.

现在分四类试验考虑几何分布中参数 ξ 的极大似然估计和贝叶斯估计.

(i) $(n, 有, 时)$ 试验.

设到规定 τ_0 时有 r 个样品失效,失效时刻分别为 $t_1, t_2, t_3, \cdots, t_r$,且 $t_1 < t_2 < t_3 < \cdots < t_r \leqslant \tau_0$,由于一旦有样品失效立刻换上新的相同样品,又由于几何分布的无记忆性,新换上的产品寿命与原来没失效的产品寿命分布相同且相互独立,记 $X_i = \min\{T_1, T_2, \cdots, T_n\}$,其中 T_i 表示正在进行试验的产品的寿命,$i = 1, 2, \cdots, n$. $t_{i+1} - t_i$ 表示从第 i 个样品失效时起到第 $i+1$ 个样品失效时止的间隔时间,因此有

$$t_{i+1} - t_i = X_i = \min\{T_1, T_2, \cdots, T_n\} \sim \text{Geo}(1 - q^n)$$

由于 $\{X_i, i \geqslant 1\}$ 独立同服从参数为 $1-q^n$ 的几何分布, 由定理 3.3.1 知, $\{X_i, i \geqslant 1\}$ 相应的随机序列 $\{N(n), n \geqslant 0\}$ 为参数是 $1-q^n$ 的伯努利过程. 故 $N(t_{i+1}) - N(t_i), N(t_i) - N(t_{i-1}), \cdots, N(t_i) - N(t_0)$ 相互独立 $(t_0 = 0)$ 且只在区间 (t_i, t_{i+1}) 右端点有一个样品失效. 故在 $(0, \tau_0)$ 中有 r 个样品失效, 失效时刻分别为 $t_1, t_2, t_3, \cdots, t_r$, 且在 (t_r, τ_0) 中没有样品失效的概率为

$$L(q) = P\{N(t_r) - N(t_{r-1}) = 1, N(t_{r-1}) - N(t_{r-2}) = 1, \cdots,$$
$$N(t_1) = 1, N(\tau_0) - N(t_r) = 0\}$$
$$= P\{N(\tau_0) - N(t_r) = 0\} \prod_{i=0}^{r-1} P\{N(t_{i+1}) - N(t_i) = 1\}$$
$$= C_{\tau_0 - t_r}^{0}(1-q^n)^0 (q^n)^{\tau_0 - t_r} \cdot \prod_{i=0}^{r-1} C_{t_{i+1} - t_i}^{1}(1-q^n)(q^n)^{t_{i+1} - t_i - 1}$$
$$= q^{n(\tau_0 - t_r)} \prod_{i=0}^{r-1}(t_{i+1} - t_i)(1-q^n) q^{n(t_{i+1} - t_i - 1)}$$
$$\propto q^{n(\tau_0 - t_r)}(1-q^n)^r q^{n(t_r - r)} = q^{n\tau_0 - r}(1-q^n)^r$$

显然 $L(q)$ 为 q 的似然函数. 从而似然方程为

$$\frac{n(\tau_0 - r)}{q} - \frac{nrq^{n-1}}{1-q^n} = 0$$

解之得 q 的极大似然估计 $\hat{q} = \sqrt[n]{\dfrac{\tau_0 - r}{\tau_0}}$.

现在设 $p \sim U(0,1)$, 则 $q = 1 - p \sim U(0,1)$. 在平方差损失下, 我们来考虑 q 的贝叶斯估计. 设 $x_1, x_2, \cdots, x_{r+1}$ 分别为 $t_1, t_2, \cdots, t_r, r$ 的值. 因为

$$h(y|x_1, x_2, \cdots, x_{r+1}) \propto \pi(y) f(x_1, x_2, \cdots, x_{r+1}|y)$$
$$\propto f(x_1, x_2, \cdots, x_{r+1}|y), \quad 0 < y < 1$$

又因 $L(q)$ 是联合概率 $P\left\{\bigcap_{i=0}^{r-1}[N(t_{i+1}) - N(t_i) = 1], N(\tau_0) - N(t_r) = 0\right\}$, 而此概率是 n 个相同产品进行 $(n, 有, 时)$ 试验, 到时刻 τ_0 恰有 r 个产品失效且失效时刻分别为 $t_1, t_2, \cdots, t_r$ 的概率. 故可视 $L(q)$ 为 $f(x_1, x_2, \cdots, x_{t+1}|q)$, 即

$$h(y|f(x_1, x_2, \cdots, x_{t+1}) \propto y^{n(\tau_0 - r)}(1-y^n)^r = \sum_{k=0}^{r} C_r^k (-1)^{r-k} y^{n(\tau_0 - k)}, \quad 0 < y < 1$$

也即
$$h(y|f(x_1,x_2,\cdots,x_{t+1})) = A\sum_{k=0}^{r} C_k^r(-1)^{r-k}y^{n(\tau_0-k)}$$

由 $1 = A\int_0^1 C_r^k(-1)^{r-k}y^{n(\tau_0-k)}dy$, 可确定常数 A 为

$$A = 1 \bigg/ \sum_{k=0}^{r} \frac{C_r^k(-1)^{r-k}}{n(\tau_0-k)+1}$$

从而 q 的贝叶斯估计为

$$\tilde{q} = \int_0^1 Ayh(y|x_1,x_2,\cdots,x_{r+1})dy = A\sum_{k=0}^{r}\frac{C_r^k(-1)^{r-k}}{n(\tau_0-k)+2}$$
$$= \sum_{k=0}^{r}\frac{C_r^k(-1)^{r-k}}{n(\tau_0-k)+2} \bigg/ \sum_{k=0}^{r}\frac{C_r^k(-1)^{r-k}}{n(\tau_0-k)+1}$$

(ii) $(n, 有, 数)$ 试验. 设 $t_1,t_2,\cdots,t_r$ 分别为 r 个样品失效时刻, 类似于 $(n, 有, 时)$ 试验的分析, q 的似然函数为

$$L(q) = \prod_{i=0}^{r-1} P\{N(t_{i+1}) - N(t_i) = 1\}$$
$$= \prod_{i=0}^{r-1}\left[C_{t_{i+1}-t_i}^1(1-q^n)(q^n)^{t_{i+1}-t_i-1}\right] \propto (1-q^n)^r q^{n(t_r-r)}$$

故似然方程为

$$\frac{-rnq^{n-1}}{q-q^n} + \frac{n(t_r-r)}{q} = 0$$

解之, 得 q 极大似然估计量为

$$\hat{q} = \sqrt[n]{\frac{t_r-r}{t_r}}$$

仍设 $q \sim U(0,1)$, 类似 (i) 的理由, $L(q)$ 仍为 $f(x_1,x_2,\cdots,x_r|q)$ 的核, 即

$$h(y|x_1,x_2,\cdots,x_r) \propto f(x_1,x_2,\cdots,x_r|y) \propto A(1-y^n)^r y^{n(t_r-r)}, \quad 0 < y < 1$$

因为

$$1 = A\int_0^1 \sum_{k=0}^{r} C_r^k(-1)^{r-k}y^{n(t_r-k)}dy$$

$$=A\sum_{k=0}^{r} C_r^k (-1)^{r-k} \frac{1}{n(t_r-k)+1}$$

故

$$A = 1 \Big/ \sum_{k=0}^{r} \frac{C_r^k (-1)^{r-k}}{n(t_r-k)+1}$$

从而 q 的贝叶斯估计量为

$$\tilde{q} = \sum_{k=0}^{r} \frac{C_r^k (-1)^{r-k}}{n(t_r-k)+2} \Big/ \sum_{k=0}^{r} \frac{C_r^k (-1)^{r-k}}{n(t_r-k+1)}$$

(iii) $(n, 无, 时)$ 试验. 假设到 τ_0 时有 r 个样品失效, 失效时刻为 $t_1, t_2, \cdots, t_r$. 由于试验无替换, 这时 $t_{i+1} - t_i$ 表示从第 i 个产品失效时起到第 $i+1$ 个产品失效时止这段时间. 当有 i 个产品失效后, 没失效的投试产品就只有 $n-i$ 个, 这 $n-i$ 个产品中最小寿命 $y_{n-i} = \min\{T_1, T_2, \cdots, T_{n-i}\}$, 又由于 $y_{n-i} \sim \text{Geo}(1-q^{n-i})$. 所以, y_{n-i} 就是参数为 $1-q^{n-i}$ 的伯努利过程 $\{N_{n-i}(j), j \geqslant 0\}$ 的到达事件的间隔时间, 再考虑伯努利过程增量的独立性, q 的极大似然函数为

$$L(q) = P\{N_{n-r}(\tau_0) - N_{n-r}(t_r) = 0\} \prod_{i=0}^{r-1} P\{N_{n-i}(\tau_{i+1}) - N_{n-i}(t_i) = 1\}$$

$$= (q^{n-r})^{\tau_0 - t_r} \prod_{i=0}^{r-1} C^1_{t_{i+1}-t_i}(1-q^{n-i})(q^{n-i})^{t_{i+1}-t_i-1}$$

$$\propto q^{(n-r)(\tau_0-t_r)} q^{\sum_{i=0}^{r-1}(n-i)(t_{i+1}-t_i-1)} \prod_{i=0}^{r-1}(1-q^{n-i})$$

记 $S(\tau_0) = \sum_{i=0}^{r-1}(n-i)(t_{i+1}-t_i-1) + (n-r)(\tau_0-t_r) = \sum_{i=1}^{r} \tau_1 + (n-r)\tau_0 - \frac{(2n-r+1)r}{2}$, 则

$$L(q) \propto q^{S(\tau_0)}(1-q^n)(1-q^{n-1}) \cdots (1-q^{n-r+1})$$

故似然方程为

$$\frac{S(\tau_0)}{q} = \frac{nq^{n-1}}{1-q^n} + \frac{(n+1)q^{n-2}}{1-q^{n-1}} + \cdots + \frac{(n-r+1)q^{n-r}}{1-q^{n-r+1}}$$

如果由此方程解出 q, 即得 q 的极大似然估计量 $\hat{q}$, 解方程可由专门软件实现.

3.3 随机序列是伯努利随机过程的充要条件及其应用

仍设 $q \sim U(0,1)$, 由上述类似理由, 有

$$h(y|x_1, x_2, \cdots, x_r) \propto f(x_1, x_2, \cdots, x_r|y)$$
$$= Ay^{S(\tau_0)}(1-y^n)(1-y^{n-1})\cdots(1-y^{n-r+1}), \quad 0 < y < 1$$

由 $1 = A\int_0^1 y^{S(\tau_0)}(1-y^n)(1-y^{n-1})(1-y^{n-r+1})dy$ 可确定 A.

$$A = 1 \bigg/ \int_0^1 y^{S(\tau_0)} \prod_{i=0}^{r-1}(1-y^{n-i})dy$$

从而 q 的贝叶斯估计量为

$$\tilde{q} = A\int_0^1 y^{S(\tau_0)+1} \prod_{i=0}^{r-1}(1-y^{n-i})dy$$
$$= \int_0^1 y^{S(\tau_0)+1} \prod_{i=0}^{r-1}(1-y^{n-i})dy \bigg/ \int_0^1 y^{S(\tau_0)} \prod_{i=0}^{r-1}(1-y^{n-i})dy$$

由此知, 求 $\tilde{q}$ 关键是计算积分 $\int_0^1 y^{S(\tau_0)} \prod_{i=0}^{r-1}(1-y^{n-i})dy$.

(iv) $(n, 无, 数)$ 试验. 设规定数为 r. 由 (iii) 得

$$L(q) = \prod_{i=0}^{r-1} P\{N_{n-i}(t_{i+1}) - N_{n-i}(t_i) = 1\}$$
$$= \prod_{i=0}^{r-1} \mathrm{C}_{t_{i+1}-t_i}^1 (1-q^{n-i})(q^{n-i})^{t_{i+1}-t_i-1}$$
$$\propto \left[\prod_{i=0}^{r-1}(1-q^{n-i})q^{\sum_{i=0}^{r-1}(n-i)(t_{i+1}-t_i-1)}\right]$$

因为 $\prod_{i=0}^{r-1}(n-i)(t_{i+1}-t_i-1) = t_1 + t_2 + \cdots + t_r - \sum_{i=n-r+1}^{n} i = \sum_{i=1}^{r} t_i - \frac{r(2n-r+1)}{2}$.

记 $S(t_r) = \sum_{i=1}^{r} t_i - \frac{r(2n-r+1)}{2}$, 则

$$L(q) \propto q^{S(t_r)}(1-q^n)(1-q^{n-1})\cdots(1-q^{n-r+1})$$

故似然方程为

$$\frac{S(t_r)}{q} = \frac{nq^{n-1}}{1-q^n} + \frac{(n+1)q^{n-2}}{1-q^{n-1}} + \cdots + \frac{(n-r+1)q^{n-r}}{1-q^{n-r+1}}$$

由以上方程解出 q, 即得 q 的极大似然估计量 $\hat{q}$.

仍设 $q \sim U(0,1)$, 由上述类似理由, 有

$$h(y|x_1,x_2,\cdots,x_r) \propto f(x_1,x_2,\cdots,x_r|y) \propto Ay^{s(t_r)}\prod_{i=0}^{r-1}(1-y^{n-i}), \quad 0<y<1$$

由 $1 = A\int_0^1 y^{s(t_r)}\prod_{i=0}^{r-1}(1-y^{n-i})dy$ 可确定 A. 从而 q 的贝叶斯估计量为

$$\begin{aligned}\tilde{q} &= A\int_0^1 y^{s(t_t)+1}\prod_{i=0}^{r-1}(1-y^{n-i})\\ &= \int_0^1 y^{s(t_t)+1}\prod_{i=0}^{r-1}(1-y^{n-i})dy \Big/ \int_0^1 y^{s(t_r)}\prod_{i=0}^{r-1}(1-y^{n-i})dy\end{aligned}$$

求积分 $\int_0^1 y^{s(t_t)+1}\prod_{i=0}^{r-1}(1-y^{n-i})dy$ 可以利用专门软件或利用分部积分法. 当 n 较小或 r 较小时, 可将 $\prod_{i=0}^{r-1}(1-y^{n-i})$ 展开后逐项积分, 例如, 当 $n=3$ 时, 由于 $r \leqslant n$, 不妨设 $r=2$, 则

$$\prod_{i=0}^{r-1}(1-y^{n-i}) = (1-y^n)(1-y^{n-1}) = 1 - y^n - y^{n-1} + y^{2n-1}$$

从而

$$\begin{aligned}&\int_0^1 \left[y^{s(t_r)} - y^{s(t_r)+3} - y^{s(t_r)+2} + y^{s(t_r)+5}\right]dy\\ =& \frac{1}{s(t_r)+1} - \frac{1}{s(t_r)+4} - \frac{1}{s(t_r)+3} + \frac{1}{s(t_r)+6}\end{aligned}$$

$$\tilde{q} = \left[\frac{1}{s(t_r)+2} - \frac{1}{s(t_r)+5} - \frac{1}{s(t_r)+4} + \frac{1}{s(t_r)+7}\right] \Big/ \left[\frac{1}{s(t_r)+1} - \frac{1}{s(t_r)+4} - \frac{1}{s(t_r)+3} + \frac{1}{s(t_r)+6}\right]$$

在实际中, 我们说一个随机过程为某个过程, 往往只是根据该过程的背景的一种假设, 它是否真是该个过程还必须进行检验. 如何检验呢? 应根据不同的过程进行不同的检验. 而对于伯努利过程和泊松过程检验的原理与方法却非常相似.

应用 3.3.2 伯努利过程的检验

原理: 定理 3.3.1.

由于一个随机过程 (序列) 为参数是 p 的伯努利过程的充分必要条件是其到达间隔序列为独立同分布随机序列且均服从参数为 p 的几何分布. 这样检验一个随机过程是否为伯努利过程就变为检验其到达间隔是否独立同服从几何分布.

方法: 设开始观察时刻为时间 0. 第 i 个事件到达 (出现) 时刻记为 t_i, $i = 1, 2, \cdots, n$, 其中 n 要求充分大, 一般大于 100. 令 $T_i = t_i - t_{i-1}$, $i = 1, 2, \cdots, n$, $t_0 = 0$.

对于假设

H_0: 所观察事件流到达过程为伯努利过程.

H_1: 否则.

当 H_0 成立时, 则 $T_1, T_2, \cdots, T_n$ 相互独立同服从相同几何分布. 这样可以将 $T_1, T_2, \cdots, T_n$ 看成总体 $T \sim \text{Geo}(p)$ 的简单随机样本. 于是上述假设就可化为

H_0': T 服从几何分布 (即假设 T 的分布函数为几何分布函数 $F_0(x)$).

H_1': T 不服从几何分布.

这样就可以用皮尔逊 (Pearson)χ^2 拟合检验法检验 H_0'. 具体方法是记 $\chi_1, \chi_2, \cdots, \chi_n$ 为 $T_1, T_2, \cdots, T_n$ 的观察值, 将包含 $\chi_1, \chi_2, \cdots, \chi_n$ 的某个区间 (τ_0, τ_m) 分成 m 组, 即把 (τ_0, τ_m) 分成 m 个不相交的小区间 (τ_j, τ_{j-1}), $j = 1, 2, \cdots, m$, 一般取 $m \approx 1.87(n-1)^{0.4}$. 用 v_j 表示 $\chi_1, \chi_2, \cdots, \chi_n$ 落入第 j 个小区间的个数 (频数), 记 $f_j = \dfrac{v_j}{n}$, 称 f_j 为样本落入第 j 个小区间的频率, $j = 1, 2, \cdots, m$. 当 H_0' 成立时, 令 $\hat{\lambda} = \dfrac{1}{\bar{\chi}}$, $\bar{\chi} = \dfrac{1}{n}\sum_{i=1}^{n}\chi_i$, 即 $\hat{\lambda} = \dfrac{n}{t_n}$. 然后计算概率.

$$p_j = P\{\tau_{j-1} \leqslant T < \tau_j\} = F_0(\tau_j) - F_0(\tau_{j-1}), \quad j = 1, 2, \cdots, m$$

称 np_j 为样本 $T_1, T_2, \cdots, T_n$ 落入第 j 个小区间的理论频数. 当 H_0' 成立时理论频数 np_j 与实际频数 v_j 相差应很小. 从而, $\sum_{i=1}^{m}\dfrac{(v_i - np_j)^2}{np_j}$ 也应该比较小, 我们记此和式为 χ_n^2, 即

$$\chi_n^2 = \sum_{i=1}^{m}(v_j - np_j)^2 \bigg/ np_j = \sum_{i=1}^{m}(v_j^2 - np_jv_j + n^2p_i^2) \bigg/ np_j$$

$$= \sum_{i=1}^{m} \frac{v_j^2}{np_j} - 2\sum_{i=1}^{m} v_j + n\sum_{i=1}^{m} p_j = \sum_{i=1}^{m} \frac{v_j^2}{np_j} - n$$

也较小, 否则不能认为 H_0'(即 H_0) 成立, 所以 H_0'(即 H_0) 的拒绝 (否定) 域应该为 $\{\chi_n^2 > C\}$, C 由犯第一类错误的概率 α 确定. 当 α 给定后, 为了确定 C 还需要皮尔逊于 1900 年证明的如下定理.

定理 3.3.2 当 $H_0'(H_0)$ 成立时, 不管 $F_0(x)$ 服从什么分布, 统计量 χ_n^2 依分布 (当 $n \to \infty$ 时) 趋于自由度为 $m-1$ 的卡方分布, 即

$$\chi_n^2 = \sum_{i=1}^{m} \frac{v_j^2}{np_j} - n \xrightarrow{L} Y \sim \chi^2(m-1) \quad (\text{当} n \to \infty \text{时})$$

而且, 如果 $F_0(x)$ 中含有 l 个未知参数 $\theta_1, \theta_2, \cdots, \theta_l$, 则用其极大似然估计量 $\hat{\theta}_1, \hat{\theta}_2, \cdots, \hat{\theta}_l$ 代替 $\theta_1, \theta_2, \cdots, \theta_l$, 然后计算 p_i, 再建立 χ_n^2, 但是这时

$$\chi_n^2 \xrightarrow{L} Y \sim \chi^2(m-1-l) \quad (\text{当} n \to \infty \text{时})$$

由此定理, 用 [2] 中待定实数法可确定 C 为 $\chi_{1-\alpha}^2(m-2)$, 即 $H_0'(H_0)$ 的拒绝域为 $\left\{\sum_{i=1}^{m} \frac{v_j^2}{np_j} - n > \chi_{1-\alpha}^2(m-2)\right\}$.

3.4 随机过程是泊松过程的充要条件的另一证明及其应用 [5]

定义 3.4.1 设随机过程 $\{X(t), t \geqslant 0\}$ 的状态空间 $s = \{0, 1, 2, 3, \cdots\}$, 如果它还满足如下三个条件:

(1) $X(0) = 0$;

(2) $\{X(t), t \geqslant 0\}$ 具有增量独立性;

(3) 对任意 $s, t \geqslant 0, X(s+t) - X(s) \sim P(\lambda t)$, 即

$$P\{X(s+t) - X(s) = k\} = e^{-\lambda t}\frac{(\lambda t)^k}{k!}, \quad k = 0, 1, 2, \cdots, \lambda > 0$$

则称 $\{X(t), t \geqslant 0\}$ 为参数是 λ 的泊松 (Poisson) 过程 (泊松事件流).

一般 $X(t)$ 表示在时间区间 $[0, t]$ 中到达某服务台的顾客数. λ 表示平均到达率.

3.4 随机过程是泊松过程的充要条件的另一证明及其应用

关于泊松过程有如下重要定理.

定理 3.4.1 设 $\{X(t), t \geqslant 0\}$ 为参数是 λ 的泊松过程, $\{J_n, n \geqslant 1\}$ ($J_n = \tau_n - \tau_{n-1}, n = 1, 2, 3, \cdots$) 为其顾客到达的间隔时间序列, 则 $\{J_n, n \geqslant 0\}$ 为独立同分布且 $J_1 \sim \Gamma(1, \lambda)$ 为随机序列的充分必要条件是 $\{X(t), t \geqslant 0\}$ 为参数是 λ 的泊松过程.

此定理早已有人给出, 但证明都很复杂难懂. 下面我们用全概率公式证明, 思路清晰、易懂.

证明 **充分性** 对任意实数 t, 当 $t \leqslant 0$ 时 $P\{J_1 < t\} = 0$.

当 $t > 0$ 时, 因为 $\{J_1 < t\} = \{X(t) \geqslant 1\}$, 所以, 由泊松过程定义, 得

$$P\{J_1 < t\} = P\{X(t) \geqslant 1\} = 1 - P\{X(t) = 0\} = 1 - e^{-\lambda t}$$

即 $J_1 \sim \Gamma(1, \lambda)$. 又当 $t > 0, n > 1$ 时

$$\begin{aligned}
&P\{J_n < t | J_i = s_i, 1 \leqslant i \leqslant n-1\} \\
&= P\left\{ X\left(\sum_{i=1}^{n-1} s_i + t\right) - X\left(\sum_{i=1}^{n-1} s_i\right) \geqslant 1 \bigg| X\left(\sum_{i=1}^{n-1} s_i\right) = n-1 \right\} \\
&= P\left\{ X\left(\sum_{i=1}^{n-1} s_i + t\right) - X\left(\sum_{i=1}^{n-1} s_i\right) \geqslant 1 \right\} \\
&= 1 - P\left\{ X\left(\sum_{i=1}^{n-1} s_i + t\right) - X\left(\sum_{i=1}^{n-1} s_i\right) = 0 \right\} = 1 - e^{-\lambda t}
\end{aligned}$$

当 $t \leqslant 0$ 时 $P\{J_n < t | J_i = s_i, 1 \leqslant i \leqslant n-1\} = 0$, 所以 J_n 在 $J_i = s_i, 1 \leqslant i \leqslant n-1$ 下的分布函数为

$$P\{J_n < t | J_i = s_i, 1 \leqslant i \leqslant n-1\} = \begin{cases} 0, & t \leqslant 0 \\ 1 - e^{-\lambda t}, & t > 0 \end{cases}$$

此说明, J_n 与 $J_1, J_2, \cdots, J_{n-1}$ 相互独立, 且 $J_n \sim \Gamma(1, \lambda)$, 再由 n 的任意性, 充分性得证.

必要性 设 $\{J_n, n \geqslant 1\}$ 为独立同分布随机序列, 且 $J_n \sim \Gamma(1, \lambda)$, 现证 $[X(t), t \geqslant 0]$ 为泊松过程. 因为 $\{X(t) \geqslant k\} = \{\tau_k \leqslant t\}, \tau_k = \sum_{i=1}^{k} J_i \sim \Gamma(k, \lambda)$, 且 $\Gamma(k+1) = k!$,

故

$$P\{X(t)=k\}=P\{X(t)\geqslant k\}-P\{X(t)\geqslant k+1\}$$
$$=P\{\tau_k\leqslant t\}-P\{\tau_{k+1}<t\}=\int_0^t\frac{\lambda^k x^{k-1}\mathrm{e}^{-\lambda x}}{\Gamma(k)}dx-\int_0^t\frac{\lambda^k x^k\mathrm{e}^{-\lambda x}}{\Gamma(k+1)}dx$$

又因

$$\int_0^t\frac{\lambda^k x^k\mathrm{e}^{-\lambda x}}{\Gamma(k+1)}dx=-\int_0^t\frac{\lambda^k x^k}{\Gamma(k+1)}dx^{-\lambda x}$$
$$=\left(-\frac{\lambda^k x^k}{\Gamma(k+1)}\mathrm{e}^{-\lambda x}\right)\bigg|_0^t+\int_0^t\frac{k\lambda^k}{\Gamma(k+1)}x^{k-1}\mathrm{e}^{-\lambda x}dx$$
$$=-\frac{t^k\lambda^k}{k!}\mathrm{e}^{-\lambda x}+\int_0^t\frac{\lambda^k x^{k-1}}{\Gamma(k)}\mathrm{e}^{-\lambda x}dt$$

所以

$$P\{X(t)=k\}=\frac{(\lambda t)^k}{k!}\mathrm{e}^{-\lambda t},\quad k=0,1,2,\cdots,t\geqslant 0 \tag{3.4.1}$$

现来证明: 对任意正整 $n(n\geqslant 2)$ 和整数 $k_n\geqslant k_{n-1}\geqslant\cdots\geqslant k_1\geqslant 0$, 有

$$P\{X(t_1)=k_1,X(t_2)=k_2,\cdots,X(t_n)=k_n\}\quad(t_i>t_{i-1},i=2,3,\cdots,n)$$
$$=\mathrm{e}^{-\lambda t_1}\frac{(\lambda t_1)^{k_1}}{k_1!}\prod_{i=2}^n\mathrm{e}^{-\lambda(t_i-t_{i-1})}\frac{[\lambda(t_i-t_{i-1})]^{k_i-k_{i-1}}}{(k_i-k_{i-1})!} \tag{3.4.2}$$

由 (3.4.1) 式知, 当 $n=1$ 时 (3.4.2) 式成立. 假设 $n=m-1$ 时 (3.4.2) 式成立, 往证 $n=m$ 时 (3.4.2) 式也成立. 设 $f(x)$ 为 τ_{k_1} 的密度函数, 由全概率公式

$$P\{X(t_1)=k_1,X(t_2)=k_2,\cdots,X(t_m)=k_m\}$$
$$=P\{\tau_{k_1}\leqslant t_1,\tau_{k_1+1}>t_1,\tau_{k_2}\leqslant t_2,\tau_{k_2+1}>t_2,\cdots,\tau_{k_m}\leqslant t_m,\tau_{k_m+1}>t_m\}$$
$$=\int_0^{t_1}f(x)P\{J_{k_1+1}>t_1-x,J_{k_1+1}+\cdots$$
$$+J_{k_2}\leqslant t_2-x,J_{k_1+1}+\cdots+J_{k_2+1}>t_2-x,\cdots,$$
$$J_{k_1+1}+\cdots+J_{k_m}\leqslant t_m-x,J_{k_1+1}+\cdots+J_{k_m+1}>t_m-x|\tau_{k_1}=x\}dx$$
$$=\int_0^{t_1}f(x)\left[\int_{t_1-x}^{t_2-x}\lambda\mathrm{e}^{-ty}P\{J_{k_1+2}+\cdots+J_{k_2}\leqslant t_2-x-y,\right.$$
$$J_{k_1+2}+\cdots+J_{k_2+1}>t_2-x-y,\cdots,$$
$$J_{k_1+2}+\cdots+J_{k_m}\leqslant t_m-x-y,J_{k_1+2}+\cdots+J_{k_m+1}$$

3.4 随机过程是泊松过程的充要条件的另一证明及其应用

$> t_m - x - y | \tau_{k_1} = x, J_{k_1+1} = y \} dy] dx$

(由独立性,条件概率变为无条件概率)

$= \int_0^{t_1} f(x) \left[\int_{t_1-x}^{t_2-x} \lambda \mathrm{e}^{-\lambda y} P \{ J_{k_1+2} + \cdots + J_{k_2} \leqslant t_2 - x - y, \right.$

$J_{k_1+2} + \cdots + J_{k_2+1} > t_2 - x - y, \cdots ,$

$J_{k_1+2} + \cdots + J_{k_m} \leqslant t_m - x - y, J_{k_1+2} + \cdots$

$+ J_{k_m+1} > t_m - x - y \} dy] dx$

(由诸 J_i 独立同分布)

$= \int_0^{t_1} f(x) \left[\int_{x_1-x}^{t_2-x} \lambda \mathrm{e}^{-\lambda y} P \{ \tau_{k_2-k_1-1} \leqslant t_2 - x - y, \tau_{k_2-k_1} > t_2 - x - y, \cdots , \right.$

$\tau_{k_m-k_1-1} \leqslant t_m - x - y, \tau_{k_m-k_1} > t_m - x - y \} dy] dx$

$= \int_0^{t_1} f(x) \left[\int_{t_1-x}^{t_2-x} \lambda \mathrm{e}^{-\lambda y} P \{ X(t_2 - x - y) = k_2 - k_1 - 1, \cdots , \right.$

$X(t_m - x - y) = k_m - k_1 - 1 \} dy] dx$

(由归纳假设)

$= \int_0^{t_1} f(x) \left[\int_{x_1-x}^{t_2-x} \lambda \mathrm{e}^{-\lambda y} \cdot \frac{[\lambda(t_2-x-y)]^{k_2-k_1-1}}{(k_2-k_1-1)!} \mathrm{e}^{-\lambda(t_2-x-y)} R(t_i) dy \right] dx$

$= \int_0^{t_1} \frac{\lambda^{k_1} x^{k_1-1}}{\Gamma(k_1)} \mathrm{e}^{-\lambda y} \left[\int_{t_1-x}^{t_2-x} \lambda \mathrm{e}^{-\lambda y} \frac{[\lambda(t_2-x-y)^{k_2-k_1-1}]^{k_2-k_1-1}}{(k_2-k_1-1)!} \right.$

$\left. \cdot \mathrm{e}^{-\lambda(t_2-x-y)} R(t_i) dy \right] dx$

$\left(其中 R(t_i) = \prod_{i=3}^{m} \mathrm{e}^{-\lambda(t_i-t_{i-1})} \frac{[\lambda(t_i-t_i-1)]^{k_i-k_{i-1}}}{(k_i-k_{i-1})!} \right)$

$= \int_0^{t_1} \lambda^{k_2} x^{k_1-1}/\Gamma(k_1) \left[\int_{t_1-x}^{t_2-x} \frac{(t_2-x-y)^{k_2-k_1-1}}{(k_2-k_1-1)!} dy \right] dx \cdot R(t_i) \mathrm{e}^{-\lambda t_2}$

(令 $t_2 - x - y = S$)

$= \int_0^{t_1} x^{k_1-1}/\Gamma(k_1) \left[\int_0^{t_2-t_1} S^{k_2-k_1-1}/(k_2-k_1-1)! ds \right] dx \cdot \lambda^{k_2} \mathrm{e}^{\lambda t_2} R(t_i)$

$= t_1^{k_1}/k_1! \left[\frac{(t_2-t_1)^{k_2-k_1}}{(k_2-k_1)!} \right] \lambda^{k_2} \mathrm{e}^{-\lambda t_2} R(t_i)$

$= \mathrm{e}^{-\lambda t_1} \frac{(\lambda t_1)^{k_1}}{k_1!} \prod_{i=2}^{m} \frac{[\lambda(t_i-t_{i-1}-1)^{k_i-k_{i-1}}]}{(k_i-k_{i-1}-1)!} \mathrm{e}^{-\lambda(t_i-t_{i-1})}$

此说明,当 $n = m$ 时, (3.4.2) 也成立. 由数学归纳法. (3.4.2) 式得证.

由 (3.4.2) 式知, 对任意 $t \geqslant 0$ 有

$$P\{X(t) = n\} = e^{-\lambda t}\frac{(\lambda t)^n}{n!}, \quad n = 0, 1, 2, \cdots$$

所以

$$P\{X(0) = 0\} = 1 - P\{X(0) > 0\} = 1 - \sum_{n=1}^{\infty}\left[e^{-\lambda t}\frac{(\lambda t)^n}{n!}\right]\bigg|_{t=0} = 1 - 0 = 1$$

从而得 $X(0) = 0$.

对任意 $s, t \geqslant 0$ 与非负整数 n, 由 (3.4.2) 式, 有

$$P\{X(s=t) - X(s) = n\} = \sum_{k=0}^{\infty} P\{X(s+t) - X(s) = n, X(s) = k\}$$

$$= \sum_{k=0}^{\infty} P\{X(s=t) = n+k, X(s) = k\}$$

$$= \sum_{k=0}^{\infty} e^{-\lambda t}\frac{(\lambda t)^n}{n!} \cdot e^{-\lambda t}\frac{(\lambda x)^k}{k!} = e^{-\lambda t}\frac{(\lambda t)^n}{n!}, \quad n = 0, 1, 2, \cdots$$

对任意 n 个数 $t_n > t_{n-1} > \cdots > t_1 > t_0 = 0$ 和非负整数 $k_n, k_{n-1}, k_{n-2}, \cdots, k_1$, 由 (3.4.2) 式, 有

$$P\{X(t_1) - X(t_0) = k_1, X(t_2) - X(t_1) = k_2, \cdots, X(t_n) - X(t_{n-1}) = k_n\}$$

$$= P\left\{X(t_1) = k_1, X(t_2) = k_1 + k_2, \cdots, X(t_n) = \sum_{i=1}^{n} k_i\right\}$$

$$= \prod_{i=2}^{n} e^{-\lambda(t_i - t_{i-1})}\frac{[\lambda(t_i - t_{i-1})]^{k_i}}{k_i!}\frac{(\lambda t_1)^{k_1}}{k_1!}$$

$$= \prod_{i=1}^{n} P\{X(t_i) - X(t_{i-1}) = k_i\}$$

即 $\{X(t), t \geqslant 0\}$ 的增量具有独立性. 从而必要性得证.

应用 3.4.1 在截尾试验中指数分布参数 λ 的估计

(1) λ 的点估计. 类似几何分布参数的估计, 在截尾试验中求指数分布中参数 λ 点估计, 关键仍然是求似然函数. 在参考文献 [2] 的 §2.6 中作者首次利用定理 3.4.1, 很简洁地求出四类试验的似然函数, 且讨论了 λ 的极大似然估计量, 首次把截尾试验引入了教材. 所以, 下面我们着重讨论 λ 的贝叶斯估计, 并且假设 λ 服从

贝叶斯广义假设, 即设 λ 服从 $(0,+\infty)$ 上的均匀分布. 对 λ 的极大似然估计只给出结果, 具体推导见参考文献 [2].

(i) $(n, 无, 时)$ 试验.

设截尾时间为 τ_0. 观察结果是: 在 $[0,\tau_0]$ 内有 r 个产品失效, 失效时间依次为 $t_1 \leqslant t_2 \leqslant \cdots \leqslant t_r \leqslant \tau_0$. 用极大似然法估计 λ 的关键是如何构造 λ 的似然函数 $L(\lambda)$. 现用上述观察结果出现的概率来构造 $L(\lambda)$.

由于 $Y_{n-i} \equiv t_{i+1} - t_i \sim \Gamma(1, (n-i)\lambda)$, 因此, 由定理 3.4.1, Y_{n-i} 可视为参数是 $(n-i)\lambda$ 的泊松过程 $\{N_{n-i}(t), t \geqslant 0\}$ 的到达间隔时间, $i = 0, 1, \cdots, n-1$, 由上述观察结果知, 在每个区间 (t_i, t_{i+1}) 的右端点有一个产品失效, $i = 0, 1, \cdots, r-1 (t_0 = 0)$, 而在 (t_0, τ_0) 中无产品失效, 由定理 3.4.1, 其概率为

$$L(\lambda) = \prod_{i=0}^{r-1} P\{X_{n-i}(t_{i+1}) - X_{n-i}(t_i) = 1\} P\{X_{n-r}(\tau_0) - X_{n-r}(t_r) = 0\}$$

$$= \prod_{i=0}^{r-1} e^{-(n-i)\lambda(t_{i+1}-t_i)} \cdot (n-i)\lambda(t_{i+1}-t_i) \cdot e^{-(n-r)\lambda(\tau_0-r_r)}$$

$$= e^{-\lambda[t_1+t_2+\cdots+t_r+(n-r)r_0]} \lambda^r \prod_{i=1}^{r-1}[(n-i)(t_{i+1}-t_i)]$$

$$= e^{-\lambda s(\tau_0)} \lambda^r \prod_{i=0}^{r-1}(n-i)(t_{i+1}-t_i) \propto e^{-\lambda s(\tau_0)} \lambda^r, \quad \lambda > 0$$

其中 $S(\tau_0) = t_1 + t_2 + t_3 + \cdots + t_r + (n-r)\tau_0$.

由于在 n 个样品试验中到时刻 τ_0 恰有 r 个失效且失效时刻分别为 $t_1, t_2, \cdots, t_r$ 的概率为 $L(\lambda)$, 故当 $\lambda = y$ 时, 相应于 $t_1, t_2, \cdots, t_r, r$ 的条件概率函数 $f(x_1, x_2, \cdots, x_{r+1}|y)$ 就是 $L(\lambda)$, 从而 λ 的后验分布 (密度) 为

$$h(y|x_1, x_2, \cdots, x_{r+1}) = \frac{\pi(y) f(x_1, x_2, \cdots, x_{r+1}|y)}{g(x_1, x_2, \cdots, x_{r+1})}$$

$$\propto e^{-y s(\tau_0)} y^r y^r, \quad y > 0$$

此是参数为 $r+1$ 和 $S(\tau_0)$ 的 Γ 分布密度的核, 即在 $(t_1, t_2, \cdots, t_r, r) = (x_1, x_2, \cdots, x_r, x_{r+1})$ 下 $\lambda \sim \Gamma(r+1, S(\tau_0))$, 由 Γ 分布数学期望公式, λ 的贝叶斯估计量为

$$\widetilde{\lambda} = E(\lambda|t_1, t_2, \cdots, t_r, r) = \int_0^\infty y h(y|t_1, t_2, \cdots, t_r, r) dy = \frac{r+1}{S(\tau_0)}$$

这时, λ 的极大似然估计量为 $\widehat{\lambda} = \dfrac{r}{S(\tau_0)}$.

(ii) $(n, 无, 数)$ 试验.

现抽取 n 个产品进行 $(n, 无, 数)$ 试验, 设截尾数为 $r(r < n)$, 前 r 个产品的失效时间依次为 $t_1 \leqslant t_2 \leqslant \cdots \leqslant t_r$, t_r 为试验停止时间, 设 $t_0 = 0$, 类似于 $(n, 无, 时)$ 试验的分析, 出现上述结果的概率为 $[t_{i+1} - t_i = Y_{n-i} \sim \Gamma(1, (n-i)\lambda)]$,

$$L(\lambda) = \prod_{i=0}^{r-1} P\{X_{n-i}(t_{i+1}) - X_{n-i}(t_i) = 1\}$$
$$= \prod_{i=0}^{r-1} e^{-(n-i)\lambda(t_{i+1}-t_i)} \cdot (n-i)\lambda(t_{i+1}-t_i)$$
$$\propto e^{-\lambda S(t_r)} \lambda^r, \quad 其中 \quad S(t_r) = \sum_{i=1}^{r} t_i + (n-r)t_r$$

类似于 (i), λ 的贝叶斯估计量为 $\widehat{\lambda} = \dfrac{r+1}{S(t_r)}$.

这时, λ 的极大似然估计量为 $\widehat{\lambda} = \dfrac{r}{S(t_r)}$, 且由 $\dfrac{\partial}{\partial \lambda}[\ln L(\lambda)] = -r\left[\dfrac{S(t_r)}{r} - \dfrac{1}{\lambda}\right]$, $E\left[\dfrac{S(t_r)}{r}\right] = \dfrac{1}{\lambda}$ 和 (2.3.1) 知, $\dfrac{S(t_r)}{r}$ 还是 $\dfrac{1}{\lambda}$ 的有效估计量.

(iii) $(n, 有, 时)$ 试验.

设到规定时间 τ_0 有 r 个样品失效, 失效时刻依次为 $t_1 \leqslant t_2 \leqslant \cdots \leqslant t_r$, 类似地

$$L(\lambda) = \prod_{i=1}^{r-1} P\{X(t_{i+1}) - X(t_i) = 1\} P\{X(\tau_0) - X(t_r) = 0\}$$
$$= \prod_{i=1}^{r-1} e^{-n\lambda(t_{i+1}-t_i)} n\lambda(t_{i+} - t_i) e^{-\lambda(\tau_0 - t_r)} \propto \lambda^r e^{-n\lambda\tau_0}$$

类似于 (i), λ 的贝叶斯估计量为 $\widetilde{\lambda} = \dfrac{r+1}{n\tau_0}$.

这时 λ 的极大似然计量 $\widehat{\lambda} = \dfrac{r}{n\tau_0}$.

(iv) $(n, 有, 数)$ 试验.

设截尾数为 r, 前 r 个样品失效时刻依次为 $t_1 \leqslant t_2 \leqslant \cdots \leqslant t_r$. 类似地, 有

$$L(\lambda) = \prod_{i=1}^{r-1} P\{X(t_{i+1}) - X(t_i) = 0\}$$
$$= \prod_{i=1}^{r-1} e^{-n\lambda(t_{i+1}-t_i)} n\lambda(t_{i+1} - t_i) \propto \lambda^r e^{-nt_t\lambda}, \quad \lambda > 0$$

类似于 (i) 的讨论, λ 的贝叶斯估计量为 $\widetilde{\lambda} = \dfrac{r+1}{nt_r}$.

这时, λ 的极大似然估计量为 $\widetilde{\lambda} = \dfrac{r}{nt_r}$.

类似于 (ii) 的理由, $\dfrac{nt_r}{r}$ 还是 $\dfrac{1}{\lambda}$ 的有效估计.

(2) λ 的区间估计.

现讨论在截尾试验中指数分布参数 λ 的区间估计. 我们这里只给出结果, 即 λ 的置信度 (置信水平) 为 $1-\alpha$ 的置信区间, 详细推导见 [2] 的 §2.6.

(i) 对 $(n, 无, 数)$ 试验, λ 的置信度为 $1-\alpha$ 的置信区间是

$$\left(\frac{x^2_{\alpha/2}(2r)}{2S(t_r)}, \frac{x^2_{1-\alpha/2}(2r)}{2S(t_r)} \right)$$

(ii) 对 $(n, 无, 时)$ 试验, λ 的置信度为 $1-\alpha$ 的置信区间是

$$\left(\frac{x^2_{\alpha/2}(2r)}{2S(t_r)}, \frac{x^2_{1-\alpha/2}(2r)}{2S(t_r)} \right)$$

(iii) 对 $(n, 有, 数)$ 试验, λ 的置信度为 $1-\alpha$ 的置信区间是

$$\left(\frac{x^2_{\alpha/2}(2r)}{2nt_r}, \frac{x^2_{1-\alpha/2}(2r)}{2nt_r} \right)$$

(iv) 对 $(n, 有, 时)$ 试验, λ 的置信度为 $1-\alpha$ 的置信区间是

$$\left(\frac{x^2_{\alpha/2}(2r)}{2nt_r}, \frac{x^2_{1-\alpha/2}(2r)}{2nt_r} \right)$$

应用 3.4.2 泊松过程的检验

由定理 3.4.1, 泊松过程的检验完全类似伯努利过程的检验. 这里就不详细叙述了.

参 考 文 献

[1] 孙荣恒. 应用概率论. 3 版. 北京: 科学出版社, 2016.

[2] 孙荣恒. 应用数理统计. 3 版. 北京: 科学出版社, 2014.

[3] 孙荣恒, 李建平. 排队论基础. 现代数学基础丛书. 北京: 科学出版社, 2002.

[4] 孙荣恒. 趣味随机问题. 3 版. 北京: 科学出版社, 2015.

[5] 孙荣恒. 概率统计拾遗. 北京: 科学出版社, 2012.

[6] 孙荣恒. 随机过程及其应用. 北京: 清华大学出版社, 2004.